网络空间安全系列丛书

互联网域名国际化与安全技术导论

姚健康 王胜开 吴秀诚 编著

电子工业出版社
Publishing House of Electronics Industry
北京·BEIJING

内 容 简 介

本书基于作者对互联网域名国际化与安全问题的研究和思考，以及参与亚太经济合作组织（APEC）国际化电子邮件地址技术部署项目的认识和经验，参考国内外技术资料编写而成。本书先回顾了互联网域名的发展历史，然后对 IETF、ICANN 和 UASG 等互联网国际组织做了简单的介绍，接着详细地介绍了国际化域名技术的应用基础和技术原理，最后重点分析了 IDNA 的表情符号、中文域名解析机制、国际化电子邮件地址技术、域名系统安全扩展技术，以及电子邮件安全技术与协议等。

本书适合从事网络空间安全研究的人士阅读，可作为高等学校互联网与信息技术、网络安全与信息化、通信系统与工程等专业的教材或教学参考书。

未经许可，不得以任何方式复制或抄袭本书之部分或全部内容。
版权所有，侵权必究。

图书在版编目（CIP）数据

互联网域名国际化与安全技术导论 / 姚健康，王胜开，吴秀诚编著. —北京：电子工业出版社，2020.11
（网络空间安全系列丛书）
ISBN 978-7-121-40017-9

Ⅰ.①互… Ⅱ.①姚… ②王… ③吴… Ⅲ.①域名系统－网络安全－研究 Ⅳ.①TP393.08

中国版本图书馆 CIP 数据核字（2020）第 234128 号

责任编辑：田宏峰
印　　刷：大厂聚鑫印刷有限责任公司
装　　订：大厂聚鑫印刷有限责任公司
出版发行：电子工业出版社
　　　　　北京市海淀区万寿路 173 信箱　　邮编：100036
开　　本：787×980　1/16　印张：10.25　字数：230 千字
版　　次：2020 年 11 月第 1 版
印　　次：2020 年 11 月第 1 次印刷
定　　价：79.00 元

凡所购买电子工业出版社图书有缺损问题，请向购买书店调换。若书店售缺，请与本社发行部联系，联系及邮购电话：（010）88254888，88258888。

质量投诉请发邮件至 zlts@phei.com.cn，盗版侵权举报请发邮件至 dbqq@phei.com.cn。

本书咨询联系方式：tianhf@phei.com.cn。

丛书编委会

编委会主任：
  樊邦奎 中国工程院院士

编委会副主任：
  孙德刚 中国科学院信息工程研究所副所长、研究员
  黄伟庆 中国科学院信息工程研究所研究员

编委会成员（按姓氏拼音字母排序）：
  陈 驰 中国科学院信息工程研究所正高级工程师
  陈 宇 中国科学院信息工程研究所副研究员
  何桂忠 北京云班科技有限公司副总裁
  李云凡 国防科技大学副教授
  刘 超 中国科学院信息工程研究所高级工程师
  刘银龙 中国科学院信息工程研究所副研究员
  马 伟 中国科学院信息工程研究所科技处副处长、副研究员
  苟桂甲 杭州电子科技大学研究员
  王 妍 中国科学院信息工程研究所高级工程师
  王小娟 北京邮电大学副教授
  王胜开 亚太信息安全领袖成就奖获得者、教授
  文仲慧 国家信息安全工程技术研究中心首席专家
  吴秀诚 中国互联网协会理事、盈世 Coremail 副总裁、教授
  姚健康 国际普遍接受指导组专家委员、教授
  张 磊 中国民生银行总行网络安全技术主管、高级工程师
  朱大立 中国科学院信息工程研究所正高级工程师

前　言

我国自 1994 年 4 月 20 日全功能接入国际互联网以来，已逾 26 年。26 年来，政府、业界、网民共襄盛举、携手奋斗。经各方共同努力，互联网在我国得到迅猛发展和广泛应用，网民规模已超 9 亿，数量居全球第一，我国现已名副其实地成为世界网络大国，并正积极地向网络强国进发。发展好、运用好、治理好互联网，让互联网更好地造福人类，已成为人们的共识。未来，在进一步推动网络空间全球治理下，一定能够构建起一个更加健康有序、持续发展的网络空间命运共同体。

互联网建设与发展的初衷是互联互通、国际接轨。域名作为互联网最关键的基础资源之一，在推动互联网国际化的同时，我国科学家也在积极推动互联网域名的国际化进程，有关研究成果在多语种电子邮件地址、新通用顶级域名（NewG）等新兴互联网服务中均得到了切实体现和部署应用，有力推动了中文在互联网技术与应用领域的发展。

所谓国际化域名（IDN），也称为多语种域名，是指在域名字段里包含非 ASCII 字符的域名，如包含中文字符的为中文域名、包含日文字符的为日文域名等。在互联网发展初期，域名只能使用 63 个 ASCII 字符（"a～z""A～Z""0～9""-"），如 www.cnnic.cn。随着互联网在非英语国家的迅猛发展，20 世纪 90 年代末，国际互联网界提出了采用本地语言或文字来表示的多语种域名或国际化域名的需求。2003 年 3 月，互联网工程任务组（IETF）发布了与国际化域名有关的三个核心技术标准 RFC 3490、RFC 3491 和 RFC 3492，奠定了国际化域名技术体系的基础。后经修订，正式发布了 RFC 5890、RFC 5891、RFC 5892、RFC 5893 和 RFC 5894 这 5 个国际化域名技术标准。

就建立在互联网域名系统上的最大应用之一的电子邮件系统而言，电子邮件地址（如 test@Coremail.cn）通常包括两个部分：@左半部分是电子邮件的用户标识部分（本地部分），主要由电子邮件的相关技术标准来规范；@右半部分是电子邮件的域名部分，主要由互联网域名的相关技术标准来规范。国际化电子邮件地址技术基于 IETF 的 RFC 6531 和 RFC 6532 等技术标准。目前，微软、谷歌等公司以及各知名开源软件均已支持上述标准。本书部分作者积极参与了上述标准的制定，是 RFC 6531 的主要作者之一。随着非英语母语网民数量的增加，互联网域名及其最大应用之一的国际化电子邮件问题就显得越来越重要。就我国而言，有必要进一步研究好、应用好、推广好中文域名和中文电子邮件地址等技术，更好地宣传中国文化，讲好网上中国故事。

没有网络安全就没有国家安全，保证网络安全现已上升为我国的国家安全战略。域名是互联网最关键的基础资源之一，域名系统是互联网的"神经系统"，其安全事关整个互联网的安全与稳定。保证互联网域名的安全是整个网络安全和信息化工作中一项极其重要的内容，是互联网时代保证我国网络安全和国家安全的重要工作之一，我国为此花大气力开展了对互联网域名安全技术与系统的研究及建设。

本书作者长期从事互联网和信息技术、网络安全和信息化、互联网域名国际化和电子邮件系统等方面的技术研究、标准制定和应用推广等工作，根据自身对互联网域名国际化与安全问题的研究和思考，以及参与亚太经济合作组织（APEC）国际化电子邮件地址技术部署项目的认识和经验，编撰此书。本书主要参照了 IETF IDN、EAI 和 DNS 的核心 RFC 技术标准，与相关的 RFC 在内容和思路上基本保持一致，部分内容根据我国的实际情况有所调整。本书对互联网域名国际化、互联网域名系统与网络安全、国际化电子邮件地址技术与标准等相关知识和内容进行了全面、系统的介绍，可推动互联网域名国际化和中文域名及其安全技术在更多地区、更大领域得到推广应用。

本书共分 9 章：第 1 章回顾互联网及互联网域名的发展历史；第 2 章是对 IETF、ICANN 和 UASG 等互联网国际组织的简单介绍；第 3 章阐述国际化域名应用基础；第 4 章比较详细地介绍了国际化域名技术；第 5 章说明什么是 IDNA 的表情符号；第 6 章分析中文域名解析机制；第 7 章比较详细地介绍了国际化电子邮件地址技术；第 8 章介绍域名系统安全扩展技术；第 9 章阐述电子邮件安全技术与协议。

因作者水平和经验有限，书中错误之处在所难免，敬请读者指正。

作　者

2020 年 5 月

目　　录

第 1 章　互联网域名发展历史 ·· 1
　1.1　互联网域名的出现 ··· 1
　1.2　从 ASCII 字符到 Unicode 字符 ··· 3
　1.3　Unicode 字符发展历史 ··· 3
　1.4　互联网协议中的 Unicode 字符集 ·· 5

第 2 章　IETF、ICANN 和 UASG 简介 ·· 6
　2.1　IETF 简介 ··· 6
　　2.1.1　IETF 的组织机构与主要职责 ··· 6
　　2.1.2　IETF 与其他互联网组织的关系 ·· 7
　　2.1.3　IETF 的研究领域 ·· 9
　2.2　ICANN 简介 ··· 11
　　2.2.1　ICANN 的由来 ·· 11
　　2.2.2　ICANN 的组织机构 ·· 11
　　2.2.3　ICANN 的职责 ·· 13
　2.3　UASG 简介 ··· 14

第 3 章　国际化域名应用基础 ·· 16
　3.1　国际化域名应用简介 ··· 16
　　3.1.1　国际化域名应用的发展背景 ·· 16
　　3.1.2　国际化域名应用的适用性与功能性 ······································· 17
　　3.1.3　国际化域名应用的易懂性和可预测性 ··································· 18
　3.2　IDNA2008 对域名注册和域名查询的处理 ··································· 18
　3.3　国际化域名中的字符及注册政策 ··· 18
　　3.3.1　Unicode 字符的类型 ··· 19
　　3.3.2　域名注册政策 ··· 21
　　3.3.3　分层限制条件 ··· 21
　3.4　与应用程序有关的问题 ··· 21

  3.4.1 显示和网络顺序 21
  3.4.2 应用程序的登录和显示 22
  3.4.3 语言期待：合体字、连体字和交替字符形式 23
  3.4.4 大小写映射和相关问题 24
  3.4.5 从右到左的字符 24
 3.5 IDN 和健壮规则 24
 3.6 域名处理查询的前端和用户界面 25
 3.7 IDNA2003 和 Unicode 版本的同步化 26
  3.7.1 设计标准 26
  3.7.2 字符解释的变更 27
  3.7.3 消除字符映射表 29
  3.7.4 域名前缀变化的问题 29
  3.7.5 Stringprep 变更和兼容性 30
  3.7.6 标志符号问题 30
  3.7.7 未分配码位的字符 31
 3.8 基于国际化的考虑 31

第 4 章 国际化域名技术详解 33
 4.1 国际化域名简介 33
 4.2 IDNA 的技术框架 34
  4.2.1 IDNA2008 34
  4.2.2 字符和 DNS 术语 34
  4.2.3 IDN 术语 35
  4.2.4 IDNA 中的安全考虑 39
 4.3 IDNA 协议 42
  4.3.1 IDNA 的要求和应用 42
  4.3.2 IDN 的注册 43
  4.3.3 IDN 的查询 45
 4.4 双向字符 47
  4.4.1 双向（Bidi）字符的背景和历史 47
  4.4.2 Bidi 规则的条件 48
  4.4.3 Bidi 规则的要求 49
 4.5 与 RFC 3454 有关的问题 49

####### 4.5.1 迪维希语 49
####### 4.5.2 依地语 50
####### 4.5.3 带有数字的域名 51
####### 4.5.4 问题的解决建议 51
####### 4.5.5 解决问题过程中的其他事宜 51
####### 4.5.6 兼容性考虑 52

第 5 章 IDNA 的表情符号 53
5.1 表情符号的安全风险 53
5.2 ICANN SSAC 关于表情符号的建议 53
5.3 ICANN 董事会的决议及理由 55
####### 5.3.1 决议 55
####### 5.3.2 理由 55

第 6 章 中文域名解析机制 57
6.1 中文域名应用 57
6.2 中文域名的注册和显示 57
6.3 中文域名的生成机制 58
6.4 国际化域名注册方法 59
####### 6.4.1 RFC 3743 中的国际化域名注册机制 59
####### 6.4.2 一种新型的国际化域名注册方法 60
6.5 中文域名注册字表 64
6.6 中文域名检测机制 65
6.7 Punycode 编码 66
####### 6.7.1 Bootstring 算法的基本特点 66
####### 6.7.2 Bootstring 算法的主要技术 66
6.8 中文域名注册和用户解析系统 72
####### 6.8.1 中文域名注册模块 73
####### 6.8.2 中文域名激活模块 74
####### 6.8.3 中文域名去活模块 75
####### 6.8.4 中文域名解析模块 76
####### 6.8.5 中文域名安全配置算法模块 76
6.9 中文域名等效实现方案 76

  6.9.1 中文域名等效需求 76
  6.9.2 记录配置法 76
  6.9.3 码表转换法 77
  6.9.4 域名系统安全扩展方面的考虑 79
  6.9.5 两种方法的优缺点比较 80

第 7 章 国际化电子邮件地址技术 81
7.1 国际化电子邮件地址技术的发展背景 81
  7.1.1 国际化电子邮件地址标准的制定 81
  7.1.2 中文域名和中文电子邮件地址标准的制定 82
7.2 中文电子邮件地址的总体技术要求 84
  7.2.1 协议概述 84
  7.2.2 SMTP 扩展支持中文电子邮件地址 84
  7.2.3 邮件头支持中文电子邮件地址 85
  7.2.4 兼容现有 ASCII 格式的电子邮件系统 86
  7.2.5 POP 扩展支持中文电子邮件地址 86
  7.2.6 IMAP 扩展支持中文电子邮件地址 86
  7.2.7 电子邮件客户端扩展支持中文电子邮件地址 86
7.3 中文电子邮件地址的 SMTP 扩展技术要求 87
  7.3.1 SMTP 概述 87
  7.3.2 SMTP 扩展的总体要求 87
  7.3.3 中文电子邮件地址的 SMTP 扩展框架 88
  7.3.4 SMTPUTF8 扩展 88
  7.3.5 中文电子邮件地址语法扩展 89
  7.3.6 MAIL 命令的参数和响应码 91
  7.3.7 中文电子邮件正文部分和 SMTP 扩展 91
  7.3.8 附加 SMTP 扩展的变化和说明 92
  7.3.9 中文电子邮件地址的注册和使用 94
7.4 中文电子邮件邮件头的格式扩展技术要求 94
  7.4.1 电子邮件协议概述 94
  7.4.2 邮件头格式扩展技术的总体要求 95
  7.4.3 UTF8 的语法规范 95
  7.4.4 MIME 邮件头的变化 96

	7.4.5	RFC 2822 的扩展语法	96
	7.4.6	新增的 message/global 类型简介	97
	7.4.7	邮件头格式扩展技术的安全考虑	98

7.5 中文电子邮件地址的 POP 扩展技术要求 … 98
- 7.5.1 POP 扩展技术的总体要求 … 98
- 7.5.2 LANG 能力 … 99
- 7.5.3 UTF8 能力 … 100
- 7.5.4 本地 UTF8 邮箱 … 101

7.6 中文电子邮件地址的 IMAP 扩展技术要求 … 102
- 7.6.1 IMAP 扩展技术的总体要求 … 102
- 7.6.2 "UTF8=ACCEPT" 能力 … 102
- 7.6.3 "UTF8=APPEND" 能力 … 102
- 7.6.4 LOGIN 命令 … 103
- 7.6.5 "UTF8=ONLY" 能力 … 103
- 7.6.6 与传统 IMAP 客户端的交互 … 103

第 8 章 域名系统安全扩展技术 … 104
8.1 域名系统安全技术的发展背景 … 104
8.2 域名系统面临的安全威胁 … 105
- 8.2.1 域名系统安全技术的发展需求 … 105
- 8.2.2 域名系统面临的已知威胁 … 106

8.3 DNSSEC 的基本原理 … 110
- 8.3.1 DNSSEC 协议 … 110
- 8.3.2 DNSKEY … 111
- 8.3.3 RRSIG … 112
- 8.3.4 NSEC3 … 113
- 8.3.5 DS … 114
- 8.3.6 DNSSEC 协议的缺陷 … 115

8.4 支持 DNSSEC 协议的必要条件 … 116
- 8.4.1 DNSSEC 协议的基本要求 … 116
- 8.4.2 DNS 响应报文增大的原因 … 116
- 8.4.3 DNSSEC 协议的变更 … 118

8.5 实现 DNSSEC 协议的必要条件 … 118

  8.6 DNSSEC 协议保障 DNS 动态更新的机制 ⋯⋯⋯⋯⋯⋯⋯⋯⋯⋯⋯⋯⋯⋯⋯⋯ 120

  8.7 DNSSEC 协议的部署情况 ⋯⋯⋯⋯⋯⋯⋯⋯⋯⋯⋯⋯⋯⋯⋯⋯⋯⋯⋯⋯⋯⋯⋯ 121

    8.7.1 DNSSEC 协议在顶级域的部署情况 ⋯⋯⋯⋯⋯⋯⋯⋯⋯⋯⋯⋯⋯⋯⋯⋯ 121

    8.7.2 DNSSEC 协议在二级域的部署情况 ⋯⋯⋯⋯⋯⋯⋯⋯⋯⋯⋯⋯⋯⋯⋯⋯ 121

第 9 章 电子邮件安全技术与协议 ⋯⋯⋯⋯⋯⋯⋯⋯⋯⋯⋯⋯⋯⋯⋯⋯⋯⋯⋯⋯⋯⋯⋯⋯ 126

  9.1 电子邮件安全的背景 ⋯⋯⋯⋯⋯⋯⋯⋯⋯⋯⋯⋯⋯⋯⋯⋯⋯⋯⋯⋯⋯⋯⋯⋯⋯⋯ 126

  9.2 电子邮件安全技术 ⋯⋯⋯⋯⋯⋯⋯⋯⋯⋯⋯⋯⋯⋯⋯⋯⋯⋯⋯⋯⋯⋯⋯⋯⋯⋯⋯ 127

    9.2.1 垃圾电子邮件的拦截 ⋯⋯⋯⋯⋯⋯⋯⋯⋯⋯⋯⋯⋯⋯⋯⋯⋯⋯⋯⋯⋯⋯⋯ 127

    9.2.2 病毒附件的拦截 ⋯⋯⋯⋯⋯⋯⋯⋯⋯⋯⋯⋯⋯⋯⋯⋯⋯⋯⋯⋯⋯⋯⋯⋯⋯ 127

    9.2.3 防钓鱼预警机制 ⋯⋯⋯⋯⋯⋯⋯⋯⋯⋯⋯⋯⋯⋯⋯⋯⋯⋯⋯⋯⋯⋯⋯⋯⋯ 127

    9.2.4 电子邮件账户的安全 ⋯⋯⋯⋯⋯⋯⋯⋯⋯⋯⋯⋯⋯⋯⋯⋯⋯⋯⋯⋯⋯⋯⋯ 129

    9.2.5 密码安全控制 ⋯⋯⋯⋯⋯⋯⋯⋯⋯⋯⋯⋯⋯⋯⋯⋯⋯⋯⋯⋯⋯⋯⋯⋯⋯⋯ 130

    9.2.6 异地登录电子邮件的提醒 ⋯⋯⋯⋯⋯⋯⋯⋯⋯⋯⋯⋯⋯⋯⋯⋯⋯⋯⋯⋯⋯ 131

    9.2.7 电子邮件传输的加密 ⋯⋯⋯⋯⋯⋯⋯⋯⋯⋯⋯⋯⋯⋯⋯⋯⋯⋯⋯⋯⋯⋯⋯ 131

    9.2.8 密级邮件 ⋯⋯⋯⋯⋯⋯⋯⋯⋯⋯⋯⋯⋯⋯⋯⋯⋯⋯⋯⋯⋯⋯⋯⋯⋯⋯⋯⋯ 131

    9.2.9 电子邮件的存储加密 ⋯⋯⋯⋯⋯⋯⋯⋯⋯⋯⋯⋯⋯⋯⋯⋯⋯⋯⋯⋯⋯⋯⋯ 132

    9.2.10 电子邮件的审核 ⋯⋯⋯⋯⋯⋯⋯⋯⋯⋯⋯⋯⋯⋯⋯⋯⋯⋯⋯⋯⋯⋯⋯⋯ 132

    9.2.11 电子邮件的安全协议 ⋯⋯⋯⋯⋯⋯⋯⋯⋯⋯⋯⋯⋯⋯⋯⋯⋯⋯⋯⋯⋯⋯⋯ 133

  9.3 电子邮件系统等保三级建设指引 ⋯⋯⋯⋯⋯⋯⋯⋯⋯⋯⋯⋯⋯⋯⋯⋯⋯⋯⋯⋯⋯ 134

    9.3.1 电子邮件系统的安全等级 ⋯⋯⋯⋯⋯⋯⋯⋯⋯⋯⋯⋯⋯⋯⋯⋯⋯⋯⋯⋯⋯ 134

    9.3.2 安全等级保护的基本要求及安全措施 ⋯⋯⋯⋯⋯⋯⋯⋯⋯⋯⋯⋯⋯⋯⋯⋯ 134

附录 A 等保三级信息系统整体安全加固建议 ⋯⋯⋯⋯⋯⋯⋯⋯⋯⋯⋯⋯⋯⋯⋯⋯⋯ 140

附录 B 缩略语 ⋯⋯⋯⋯⋯⋯⋯⋯⋯⋯⋯⋯⋯⋯⋯⋯⋯⋯⋯⋯⋯⋯⋯⋯⋯⋯⋯⋯⋯⋯ 144

附录 C 常用术语 ⋯⋯⋯⋯⋯⋯⋯⋯⋯⋯⋯⋯⋯⋯⋯⋯⋯⋯⋯⋯⋯⋯⋯⋯⋯⋯⋯⋯⋯ 145

参考文献 ⋯⋯⋯⋯⋯⋯⋯⋯⋯⋯⋯⋯⋯⋯⋯⋯⋯⋯⋯⋯⋯⋯⋯⋯⋯⋯⋯⋯⋯⋯⋯⋯⋯⋯⋯ 149

第 1 章
互联网域名发展历史

1.1 互联网域名的出现

1969 年 11 月，美国国防部高级研究计划署（Defense Advanced Research Projects Agency，DARPA）启动名为阿帕网（ARPANET）的军事研究项目。ARPANET 最初只涉及 4 个节点，即加利福尼亚大学洛杉矶分校、斯坦福研究院、加利福尼亚大学圣巴巴拉分校和犹他州大学的 4 个计算中心。1973 年，阿帕网发展至 40 个节点，随着接入机构的增多，有必要通过统一标准的技术接口来对不同机构的、差异化的本地网络进行互联。1973 年，计算机科学家温顿·瑟夫（Vinton G. Cerf）和罗伯特·卡恩（Robert Elliot Kahn）发明了 TCP/IP 协议，推动网络间的互联，TCP/IP 协议成为互联网的最基础、最重要、最具代表性的互联网协议。这两位科学家也因此被业界并称为"互联网之父"。TCP/IP 协议使互联网架构成为中间细两头粗的"瘦腰模型"。

1997 年 12 月，威廉·杰斐逊·克林顿（Willian Jeferrson Clinton）总统向温顿·瑟夫和罗伯特·卡恩（见图 1-1）颁发"美国国家技术奖章"，以表彰他们对互联网的创立和发展所做的杰出贡献。2004 年，温顿·瑟夫和罗伯特·卡恩因他们在互联网协议方面取得的杰出成就而荣膺美国计算机学会（ACM）颁发的图灵奖（Turing Award）。2005 年 11 月，乔治·布什（George Walker Bush）总统向温顿·瑟夫和罗伯特·卡恩颁发"总统自由勋章"，这是美国政府授予其公民的最高民事荣誉。

TCP/IP（Transmission Control Protocol/Internet Protocol，传输控制协议/网际协议）是指能够在多个不同网络间实现信息传输的协议族。TCP/IP 协议不仅仅是指 TCP 和 IP 两个协议，而是指一个由 DNS、FTP、SMTP、IMAP、TCP、UDP、IP 等协议构成的协议族，只是因为在 TCP/IP 协议中 TCP 协议和 IP 协议最具代表性，因此被称为 TCP/IP 协议。

1972 年，当时在美国加利福尼亚大学洛杉矶分校（University of California, Los Angeles，UCLA）参与 ARPANET 项目的温顿·瑟夫和约翰·普斯特尔（Jon Postel）提出建立由某个机构统一管理、与 TCP/IP 协议相关的地址、端口、名称等资源。

图 1-1　温顿·瑟夫（左）和罗伯特·卡恩（右）

20 世纪 70 年代末，ARPANET 还只是一个拥有几百台主机的、很小的网络，仅需要一个名为 HOSTS.TXT 的文件就能容纳所有的主机信息，该文件包含了所有连接到 ARPANET 的主机名字到地址的映射（Name-to-Address Mapping）。由于每台主机的变更都会导致 HOSTS.TXT 文件的变化，因此随着 ARPANET 的扩容，这种方法行不通了。当 ARPANET 采用 TCP/IP 协议后，网络上连接的主机呈爆炸性增长，带来了流量大、负载大、域名冲突、一致性无法得到保证等一系列问题，互联网域名系统（Domain Name System，DNS）应运而生。DNS 是一种层次型结构的计算机与网络服务器命名系统。

图 1-2　约翰·普斯特尔

约翰·普斯特尔（见图 1-2）指导其学生保罗·莫卡派乔斯（Paul Mockapetris）对域名系统进行了研究。DNS 最早由保罗·莫卡派乔斯于 1983 年提出，最初的技术规范在 RFC 882 中发布。于 1987 年发布的 RFC 1034 和 RFC 1035 修正了 DNS 技术规范，奠定了 DNS 的基础。1988 年，约翰·普斯特尔正式建议将 1972 年提出建立的机构命名为互联网编号分配机构（Internet Assigned Numbers Authority，IANA）。一直以来，都是由约翰·普斯特尔以民间身份负责全球互联网 IP 地址的分配和根（Root）域的管理，直至 1998 年约翰·普斯特尔病逝。约翰·普斯特尔通过近 30 年的无私服务，积累起了崇高的个人威望，因而被尊称为"互联网的上帝"（God of Internet）。

1.2　从 ASCII 字符到 Unicode 字符

互联网是一个基于开放系统互联（Open System Interconnection，OSI）的网络。互联网发源于美国，因此互联网的基础协议都是基于以英文字母为代表的美国信息交换标准代码（American Standard Code for Information Interchange，ASCII）字符。最初的互联网不支持包括中文字符在内的非 ASCII 字符，计算机也不支持非 ASCII 字符，因此曾有人提出随着信息时代的来临，中国人是不是应该放弃汉字而改用拼音以顺应信息时代的潮流。随着计算机对中文字符的支持，互联网协议逐渐开始支持中文字符。人们发现，在信息时代和互联网时代，不是中文应该顺应信息技术，而是信息技术应该顺应中文。

其他国家的文字同样存在类似的问题，为此，国际计算机科学界提出了 Unicode。Unicode 也称为统一码、万国码或单一码，是计算机科学领域中的一项业界标准，包括字符集、编码方案等。Unicode 是为了解决传统字符编码方案的局限而产生的，为多种语言中的每个字符设定了全球统一且唯一的二进制编码，以满足跨语言、跨平台进行文本转换、处理的要求。计算机科学界于 1990 年开始研发 Unicode，于 1994 年正式公布 Unicode。

1.3　Unicode 字符发展历史

早期的计算机仅用于科学计算，后来的计算机被要求能够进行字符处理和表示，ASCII 被创造出来。ASCII 使用 7 位（bit）来表示一个字符，共能够表示 128 个字符，包含了控制码（如换行符"\n"等）、符号（如"?""!"等）、数字（0～9）和 26 个英文字母（包括大小写，即 a～z 和 A～Z）。后来 ASCII 进行了扩充，使用 8 位来表示一个字符，新增了 128 个字符。

当计算机普及到全世界时，各个国家面临的首要问题就是如何针对自己国家的语言制定一套自己国家的编码规范。为此，我国提出了针对中文的编码方式（GB 2312），这套编码方式基于 ASCII（并非 ASCII 的扩充版本），使用 2 个字节来表示一个汉字。具体的方式是前 127 个字符不变，当第 1 个字节（高字节）大于 127 时，表示一个汉字的开始，再用这个字节和第 2 个字节（低字节）的组合来表示一个汉字。在这套编码方式中，不仅把中文编进来了，还把一些数学符号、罗马希腊字母和日本假名等都编进来了，也把 ASCII 中原有的 26 个英文字母和符号也都编进来了（当然这些字母是以 2 个字节表示的，为了和 ASCII 中原有的字母区别开来，前者称为全角字符，后者称为半角字符）。

类似于我国的编码方式，其他国家和地区也制定了自己的编码方式，如日本的

Shift_JIS 等。种类繁多的编码方式容易引起解码的混乱，而且编码方式之间也没有简易的算法进行转换，这大大影响和阻碍了各个国家及地区之间的交流。

为了统一全世界的编码方式，提出了 Unicode 编码方式。Unicode 制定了一种新的编码方式，这种编码方式将全世界的字符放在一张表内。Unicode 是废除了所有的地区性编码方式而重新制定的编码方式，而不是简单地从 ASCII 继承过来的（但前 128 个字符仍保留为 ASCII 字符）。

虽然 Unicode 为全世界的字符提供了一个唯一的编码，但并没有规定如何在计算机中存储这些编码，根据 Unicode 编码方式来制定的具体实施方案有 UTF8、UTF16 以及 UTF32，这些实施方案规定了如何在计算机中存储和表示编码。

对于 Unicode 中的字符，需要使用 2 个字节（16 位）至 4 个字节（32 位）来存储其编码。不过对于各国常用的字符，2 个字节就能存储其编码，因此通常使用 2 个字节的 UTF16 就足够了。UTF 是 Unicode Transformation Format 的缩写，意为 Unicode 转换格式。对于欧美的一些国家而言，常用的还是英文字母，如果使用 UTF16，就会浪费很多存储空间，因此产生了 UTF8，它是一种变长编码方式，使用 8 位来存储 Unicode 中的所有编码。计算机中的程序逐个字节地来读取 Unicode 编码，根据每个字节中开头的标志来决定把 1 个、2 个、3 个或 4 个字节作为 1 个编码来处理。

UTF8 的一个最大特点是它是一种变长的编码方式，它可以使用 1~4 个字节来表示一个字符，可根据不同的字符来改变编码的长度。当字符是 ASCII 中的字符时，就用 1 个字节来表示，将 ASCII 中的字符作为 UFT8 的一部分。需要注意的是：在 Unicode 中，一个中文字符占用 2 个字节；而在 UTF8 中，一个中文字符占用 3 个字节。从 Unicode 到 UTF8 的转换并不是直接对应的，需要利用一些算法和规则来进行转换。Unicode 到 UTF8 的转换如表 1-1 所示。

表 1-1 Unicode 到 UTF8 的转换

Unicode（十六进制）	UTF8（二进制）
0000 0000～0000 007F	0xxxxxxx
0000 0080～0000 07FF	110xxxxx 10xxxxxx
0000 0800～0000 FFFF	1110xxxx 10xxxxxx 10xxxxxx
0001 0000～0010 FFFF	11110xxx 10xxxxxx 10xxxxxx 10xxxxxx

注：x 表示任意 bit。

0xxxxxxx：将以 0 开头的 1 个字节当成 1 个编码，和 ASCII 完全一样。

110xxxxx 10xxxxxx：如果采用这种格式，则把 2 个字节当成 1 个编码。

1110xxxx 10xxxxxx 10xxxxxx：如果采用这种格式，则把 3 个字节当成 1 个编码。

UTF8 需要判断每个字节中的开头标志，如果某个字节在传输过程中出错了，就会导致后面的字节在解析时出错。UTF8 在网络传输中的应用十分普及。

1.4 互联网协议中的 Unicode 字符集

初期的互联网协议仅支持 ASCII 字符集，随着互联网的不断发展和推广应用，也开始逐步支持 Unicode 字符集。

IETF 是互联网领域最大和最重要的国际技术标准组织之一，是互联网技术标准最主要的缔造者，一直在推动互联网协议国际化的工作。2007 年，IETF 专门讨论了互联网协议国际化的问题，制定了一些国际化技术协议标准，尤其是互联网域名和电子邮件地址的国际化。

就本书的主题而言，IETF 现已完成了国际化域名和电子邮件地址等技术标准的制定，并正在联合各个国家和地区的科学界与工程技术人员推动相关技术标准的应用。

第 2 章
IETF、ICANN 和 UASG 简介

2.1 IETF 简介

2.1.1 IETF 的组织机构与主要职责

2.1.1.1 IETF 的组织机构

互联网工程任务组（Internet Engineering Task Force，IETF）是负责制定互联网方面技术标准的组织，其组织机构分为三类：

（1）互联网架构委员会（Internet Architecture Board，IAB）。IAB 负责互联网社群的总体技术建议，并批准 IETF 主席和 IESG 成员的任命。IAB 是互联网协会（Internet Society，ISOC）的成员。

IAB 是 IETF 的最高管理机构，其成员由 IETF 提名委员会从 IETF 的技术专家中选出。IAB 必须非常认真地考虑互联网是什么、它正在发生什么变化，以及我们需要它做些什么等问题。IAB 主要负责互联网协议体系结构的监管，把握互联网技术的长期演进方向，负责确定互联网标准的制定规则，指导互联网技术标准的编辑出版，管理互联网的编号，协调其他国际标准化组织，批准 IETF 各技术标准领域主任的任命，并任命国际互联网研究组织（IRTF）主席等工作。

（2）互联网工程指导组（Internet Engineering Steering Group，IESG）。IESG 的主要职责是接收各个工作组的报告，对工作组的工作进行审查，对工作组的标准和建议提出指导性的意见，甚至从工作的方向上、质量上和程序上给予一定的指导。

IESG 是 IETF 的上层机构，它由一些专家和领域负责人（AD）组成，设置了一个主席职位。

（3）工作组（Working Group，WG）。IETF 将工作组分类为 7 个不同的领域，每个领域由若干 AD（Area Director，领域负责人）负责管理。

2.1.1.2 IETF 的主要职责

IETF 的主要职责是研发和制定互联网相关技术标准，是互联网业界具有一定权威的技术研究团体。

IETF 大量的技术性工作均由其内部的工作组承担，这些工作组是根据不同类别的研究课题而组建的。在成立工作组之前，先由一些研究人员通过电子邮件组自发地对某个专题展开研究，当研究较为成熟后，可以向 IETF 申请成立兴趣小组（Birds Of a Feather，BOF）开展工作组筹备工作。筹备工作完成后，经过 IESG 和 IAB 研究认可后，即可成立工作组。

工作组负责展开专项研究，如路由、传输、安全等专项研究，任何对此技术感兴趣的人都可以自由参加讨论，并提出自己的观点。各工作组都有独立的电子邮件组，工作组成员内部通过电子邮件互通信息。任何拥有一个电子邮件地址的互联网专家都可以参与技术标准的讨论。

IETF 每年举行三次会议，规模均在千人以上。

2.1.1.3 IETF 的文件

IETF 有两种文件：

（1）Internet Draft。Internet Draft 即互联网技术草案，任何人都可以提交互联网技术草案，没有任何特殊限制，IETF 的很多重要文件和标准都是从这些草案开始的。

（2）RFC。RFC（Request For Comments）即请求注解，也称为意见征求书，因为这个名称一直沿用以前的叫法，所以现在这个名称和它的实际内容并不一致，RFC 是真正的标准性文件。

作为标准性文件，RFC 相当正式，并且都会被永久存档。RFC 被批准发布以后，其内容不再做改变。现在互联网的大多数协议，如 TCP/IP 等，都是 IETF 制定的标准，可以说，没有 IETF 就没有现在的互联网。

IETF 向所有对互联网行业感兴趣的人士开放，每年举行三次大会，汇集了与互联网架构演进和互联网稳定运作等业务相关的网络设计者、运营者和研究人员。目前，超过 90%的互联网技术标准都是由 IETF 制定的，IETF 已经成为互联网技术发展和标准化的重要平台。

2.1.2 IETF 与其他互联网组织的关系

IETF 的内部结构及其与其他相关互联网组织的关系如图 2-1 所示。

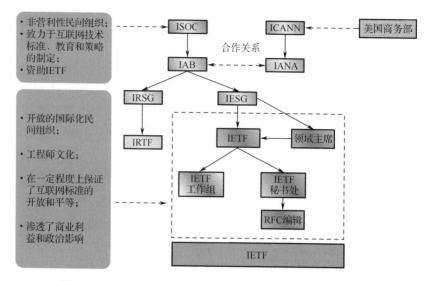

图 2-1　IETF 的内部结构及其与其他相关互联网组织的关系

（1）ISOC。互联网协会（Internet Society，ISOC）是一个国际性的、非营利的会员制组织，其作用是促进互联网在全球范围内的应用。

ISOC 的主要职责是对各类互联网组织提供经济资助和法律支持，特别是对 IAB 管理下的 IETF 提供资助。

（2）IAB。互联网架构委员会（Internet Architecture Board，IAB）是 ISOC 的技术咨询团体，充当 ISOC 技术顾问组的角色。IAB 负责定义整个互联网的架构和长期发展规划，通过 IESG 向 IETF 提供指导并协调 IETF 各个工作组的活动。在新的工作组设立之前，IAB 负责审查此工作组的章程，从而保证其设置的合理性。

另外，IAB 还是互联网研究任务组（Internet Research Task Force，IRTF）的组织者和管理者，负责召集特别工作组对互联网架构问题进行深入研讨。

（3）ICANN。互联网名称与编号分配机构（Internet Corporation for Assigned Names and Numbers，ICANN）总部设在洛杉矶（Los Angels），是一个采用国际化组织形式运营的非营利机构。ICANN 负责全球互联网域名系统、根服务器系统、IP 地址资源及协议参数的协调、管理与分配，并协调与互联网有关的技术性和政策性事务。

ICANN 与美国商务部签有条约，美国商务部通过条约的形式监督 ICANN 的运营。2016年 10 月 1 日，美国商务部及下属的美国国家电信与信息管理局（National Telecommunications and Information Administration，NTIA）正式将互联网域名系统（Domain Name System，DNS）的管理权移交给了 ICANN，标志着互联网治理开始走向国际化，并有望形成多元主体参与（Multi-Stakeholders）的格局。

（4）IANA。互联网编号分配机构（Internet Assigned Numbers Authority，IANA）在 ICANN 的管理下负责分配与互联网协议有关的参数，如 IP 地址、端口号、域名以及其他协议参数等。

IAB 指定 IANA 在某互联网协议发布后对其另增条款说明协议参数的分配与使用情况。IANA 的活动由 ICANN 资助，IANA 与 IAB 是合作的关系。

（5）IRTF。互联网研究任务组（Internet Research Task Force，IRTF）由众多专业研究小组构成，负责研究互联网协议、应用、架构和技术。

IRTF 中多数是长期运作的任务组，也存在少量临时的短期研究小组，各成员均为个人代表，并不代表任何组织或集团的利益。

（6）IRSG。互联网研究指导组（Internet Research Steering Group，IRSG）负责 IETF 技术研究方面的管理工作，IRSG 的主席由 IAB 任命，IRSG 的成员来自 IRTF 的各研究小组。相比 IESG，IRTF 的活动相对较少。

（7）IESG。互联网工程指导组（Internet Engineering Steering Group，IESG）的工作组被分为 7 个重要的研究领域，每个研究领域均有 1~3 名领域负责人（Area Directors，AD），这些领域负责人均是 IESG 的成员。IESG 负责 IETF 活动和标准制定程序的技术管理工作，核准或纠正 IETF 各工作组的研究成果，有对工作组设立的终结权，确保非工作组草案在成为 RFC 文件时的准确性。

作为 ISOC 的一部分，IESG 依据 ISOC 理事会认可的条例规程进行管理，可以认为 IESG 是 IETF 的实施决策机构。IESG 的成员由任命委员会（Nominations Committee，Nomcom）选举产生，由 IAB 批准，任期为两年。

（8）RFC 编辑。RFC 编辑（RFC Editors）的主要职责是与 IESG 协同工作，编辑、排版和发表 RFC。RFC 一旦发表就不能更改。如果标准在叙述上有变，则必须重新发表新的 RFC，并替换掉原先版本。该机构的组成和实施政策由 IAB 控制。

（9）IETF 秘书处。在 IETF 中进行有偿服务的工作人员很少，通常都是志愿者。IETF 秘书处（IETF Secretariat）是 IETF 支付费用的人员。IETF 秘书处负责会务及一些特殊电子邮件组的维护，并负责更新和规整官方互联网技术草案的目录、维护 IETF 网站、辅助 IESG 完成日常工作等。

2.1.3 IETF 的研究领域

IETF 的研究领域如下所述：

（1）应用和实时研究领域。应用研究领域主要研究与应用层相关的标准，包含 HTTP、FTP 等应用协议，以及国际化字符串、国际化资源标识符（Internationalized Resource Identifiers，IRI）、国际化电子邮件地址（Email Address Internationalization，EAI）等与国际化标识相关的内容。此外，面向传感器网络等受限网络环境的应用层协议也属于该研究领域的范畴。

实时研究领域主要研究语音、视频等与实时相关的网络协议，主要包括电话号码映射（E.164 Number URI Mapping，ENUM）、会话初始协议（Session Initiation Protocol，SIP）以及对等网络（Peer to Peer，P2P）等的协议。

（2）普通研究领域。该研究领域囊括了不适于放在其他研究领域的研究内容，该领域目前尚无工作组。每个领域的工作组会根据工作的情况，建立或者关闭工作组。

（3）网际互联研究领域。该研究领域主要研究 IP（Internet Protocol）包如何在不同的网络环境中传输，同时涉及 DNS 协议扩展方面的研究。该研究领域在 IETF 中占有重要地位，TCP/IP 协议族、DNS 以及 IPv6 协议族的核心协议均由该研究领域负责研究并制定。

此外，该研究领域还涵盖动态主机配置协议（Dynamic Host Configuration Protocol，DHCP）、主机标识协议（Host Identifier Protocol，HIP）和位置标识分离协议（Locator Identifier Separation Protocol，LISP）等，以及面向传感器网络等受限网络环境的 IPv6 包压缩协议。

（4）运行管理研究领域。该研究领域的主要内容涉及互联网的运行与管理方面。随着互联网的快速发展与普及，对网络的运行与管理提出了更高的要求，因此该研究领域也越来越受到重视。

在该研究领域中比较重要的研究内容包括 DNS 运维（DNS operations，DNSOP）、IPv6 运维（IPv6 operations，V6OPS）以及各种网络配置管理等。

（5）路由研究领域。该研究领域主要负责制定如何在网络中确定传输路径以将 IP 包传输到目的地的相关标准。由于路由协议在网络中的重要地位，因此该研究领域也成为 IETF 中最重要的研究领域之一。

边界网关协议（Border Gateway Protocol，BGP）、中间系统到中间系统（Intermediate System to Intermediate System，ISIS）、开放最短路径优先（Open Shortest Path First，OSPF）、多协议标签交换（Multi-Protocol Label Switching，MPLS）等重要路由协议均属于该研究领域的研究范畴。该研究领域同样涵盖了面向传感器网络的低功耗路由协议。

（6）安全研究领域。该研究领域主要负责研究 IP 网络中的授权、认证、审计等和私密性保护有关的协议与标准。互联网的安全性越来越受到人们的重视，因此该领域也成为 IETF 中最活跃的研究领域之一。

（7）传输研究领域。该研究领域主要负责研究特殊类型或特殊用途的数据包在网络中的（特殊需求的）传输方式，包括音频/视频数据的传输、拥塞控制、IP 性能测量、IP 信令系统、IP 电话业务、IP 存储网络、媒体网关等重要研究方向。

2.2 ICANN 简介

2.2.1 ICANN 的由来

互联网起源于美国的 ARPANET，在 20 世纪 90 年代之前一直是一个为军事、科研服务的网络。自 20 世纪 90 年代中期以来，随着互联网商业化和全球化的发展，越来越多的国家反对互联网由美国独家管理，并强烈呼吁对该管理模式进行改革。美国政府在 1998 年 6 月发布了《互联网域名和地址管理》白皮书，建议在保证稳定性、竞争性、民间协调性和充分代表性的原则下，成立一个民间非营利性的机构，并授权该机构管理互联网域名和地址资源。基于该背景，ICANN 于 1998 年 10 月在美国加利福尼亚州正式注册成立。

ICANN 的全称是 Internet Corporation for Assigned Names and Numbers，即互联网名称与编号分配机构，是一个采用国际化组织形式运营的非营利机构。ICANN 负责全球互联网域名系统、根服务器系统、IP 地址资源及协议参数的协调、管理与分配，并协调与互联网有关的技术性和政策性事务。

2.2.2 ICANN 的组织机构

ICANN 的组织机构如图 2-2 所示。

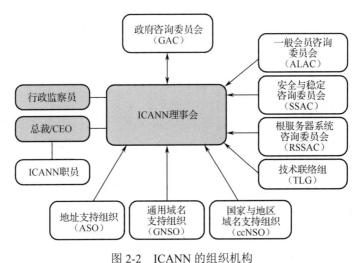

图 2-2 ICANN 的组织机构

（1）ICANN 理事会。ICANN 的核心机构是其理事会，ICANN 理事会由具有投票权的理事来行使 ICANN 的最终决策职能。ICANN 理事会由 14 位具有投票权的理事，以及 6 位负责与各咨询委员会（含技术联络组）和 IETF 联络的无投票权理事组成。这些业内专家来自北美、亚太、欧洲、非洲和拉美五个地区，每个地区的理事有 2～4 位。ICANN 的总裁/CEO 负责在 ICANN 理事会的指导下协调各部门，同时也作为第 15 位具有投票权的理事参与决策事务（ICANN 理事会共 21 位理事）。

ICANN 理事会内设 8 个委员会，15 位具有投票权的理事在其中各有分工，1 名理事一般在 2～3 个委员会中任职。8 个委员会分别是执行委员会、理事会治理委员会、审计委员会、冲突与利益委员会、再审议委员会、补偿委员会、财务委员会、会议委员会。对 ICANN 而言，这些委员会仅是分工不同，地位都是平等的。

（2）支持组织和咨询委员会。在 ICANN 的章程中，"自下而上，公开透明"是 ICANN 处理事务的首要原则。任何单位或个人都能通过任何形式（主要是电子邮件和大会发言）向 ICANN 提交提议。ICANN 在收到提议后，会将问题归类并提请公众讨论，最终做出决议。最重要的一点是，ICANN 尽可能通过其网站（www.icann.org）来公开处理问题的全部过程。

此外，在 ICANN 的组织机构中，与技术紧密相关的组织主要有 SSAC、RSSAC 和技术联络组，在 GNSO 和 ccNSO 的技术会议上也可以讨论相关技术议题。

① 政府咨询委员会。ICANN 下设若干个平行的支持组织和咨询委员会，其中政府咨询委员会（Government Advisory Committee，GAC）地位较为特殊，它向 ICANN 提供的咨询范围要宽泛得多。

② 安全与稳定咨询委员会。ICANN 中的安全与稳定咨询委员会（Security and Stability Advisory Committee，SSAC）成立于"9·11"恐怖袭击之后，是一种引入安全领域的各类专家的机制。SSAC 是 ICANN 理事会的咨询委员会之一，其主要任务是分析与互联网名称、地址相关的安全威胁，就安全和稳定方面的问题提供咨询和建议。SSAC 是以做项目的形式运作的。

③ 根服务器系统咨询委员会。根据 ICANN 章程，互联网 DNS 的根服务器系统咨询委员会（Root Server System Advisory Committee，RSSAC）的责任是就互联网 DNS 根服务器的运营向 ICANN 理事会提供建议。美国商务部与 ICANN 之间签署的《联合项目协议》对 RSSAC 的根本宗旨做了规定，ICANN 章程中的 RSSAC 部分明显体现了该规定的内容。ICANN 的章程描述了 RSSAC 的宗旨和任务，同时对 RSSAC 的成员资格以及主席的任命流程做了较为宽泛的规定。

RSSAC 的职责是向 ICANN 提供根服务器系统运行方面的建议；考虑根服务器系统的运行需求并提供建议，包括主机硬件能力、操作系统和域名服务器软件版本、网络连接和物理环境；对根服务器系统的安全方面进行检查并提出建议。此外，RSSAC 还应当根据系统总体的性能、鲁棒性和可靠性对根服务器的数量、位置和分布进行评估及分析。

RSSAC 的成员包括来自负责运行全球 13 个根服务器的机构代表，以及其他关心权威根服务器稳定运行机构的代表。RSSAC 正研究新的技术发展，如 IPv6、DNSSEC 和 IDN，这些技术发展可能会对根服务器系统的需求产生影响。

④ 技术联络组。为了与相关的技术组织（如 ITU、IETF）进行联系，ICANN 设立专门的人员和技术联络组（Technical Liaison Group，TLG）与这些技术组织进行联系，以便了解这些组织的最新技术情况。

⑤ ccNSO 和 GNSO 下的项目组。国家与地区域名支持组织（country-code Names Supporting Organization，ccNSO）和通用域名支持组织（Generic Names Supporting Organization，GNSO）有时也会设立相关的项目组来讨论相关的技术情况和安全情况。

2.2.3 ICANN 的职责

2.2.3.1 运营层面

（1）日常运营服务主要包括：

① 维护 DNS 的根区域文件（Root Zone File，RZF）。

② 将 IP 地址（IPv4/IPv6）和自治系统（Autonomous System，AS）编号分配给地区性互联网注册管理机构。

③ 维护 100 多家通信协议端口及参数编号的注册管理机构。

④ 发布包含 DNS 根区域文件在内的顶级域名注册管理机构的在线数据库信息。

⑤ 运行世界上 13 个权威根服务器中的一个，整体协调根服务器系统。

⑥ 维护普遍性及技术性的 IP 地址空间，如个人使用的地址空间。

⑦ 管理顶级反向解析域名空间。

⑧ 对某些技术性注册管理机构的 DNS 执行情况进行监管，如 ".arpa"（美国国防部高级研究计划署）、".int"（国际组织）。

（2）gTLD。ICANN 针对通用顶级域（generic Top-Level Domain，gTLD）的注册管理机构的主要职责包括：

① 授权具备竞争能力的注册服务商成为指定的 gTLD 注册服务机构。

② 监督统一争议解决机制（Uniform Dispute Resolution Policy，UDRP）的管理。

③ 处理注册中的投诉。

④ 监督并执行注册管理机构及注册服务商的协议。

⑤ 执行数据契约（Data Escrow）程序。

（3）ccTLD。对国家与地区顶级域（country-code Top-Level Domain，ccTLD）的注

册管理机构来说，ICANN 负责执行、调查并处理对某 ccTLD 的授权（Delegation）以及重新授权（Re-Delegation）请求，依据根区域文件，对顶级域名服务器进行变更。

2.2.3.2 安全防护

ICANN 需要负责协调 DNS 各个基础部分安全防护的相关政策，也需要对自身的运营工作负起安全防护职责。

2.2.3.3 制定政策

在政策制定方面，ICANN 负责开发并执行与其每一工作职能相关的政策，ICANN 扮演决策角色的本质与范围会因职责的不同而有所差别。

2.2.3.4 ICANN 的核心价值

ICANN 的核心价值主要体现在：

（1）维护和加强全球互联网的稳定性、可靠性、安全性以及全球的互联互通。

（2）把 ICANN 的活动局限在 ICANN 职责所要求的范围内，尊重互联网中的创新和改革。

（3）在适当的情况下，授予能够代表特定群体利益的组织一定的协调职能或者认可它们的政策角色。

（4）在各种政策制定和决策过程中，寻求广泛的、信息充分的参与，以便反映互联网在职能、地域以及文化上的多样性。

（5）在合适的条件下，依靠市场机制推动和维持一个良好的竞争环境。

（6）在域名注册领域引入和推动竞争，使对大众产生有利的影响。

（7）采用一个开放和透明的政策发展机制，推动一个建立在专家建议基础上的决策，确保那些受到影响的团体能够支持政策发展机制。

（8）公正客观地按照政策来进行决策。

（9）对互联网上的需求做出快速反应，作为决策程序中的一部分，向受到影响的团体征求意见。

（10）通过强化 ICANN 的有效性，向 ICANN 社群负责。

2.3　UASG 简介

ICANN 官网（www.icann.org）中 UASG 的界面如图 2-3 所示。

第 2 章　IETF、ICANN 和 UASG 简介

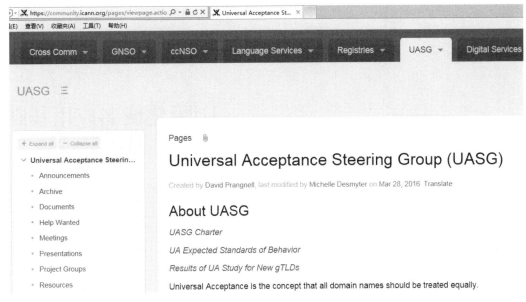

图 2-3　ICANN 官网中 UASG 的界面

普遍接受指导组（Universal Acceptance Steering Group，UASG）由 ICANN 组建，是一个由社群领导、覆盖整个行业的工作组，其任务是解决与域名普遍接受性有关的问题。

所谓普遍接受性，是指应用、程序与互联网都能接受的国际化域名、新顶级域名、国际化电子邮件地址以及某些系统之前未曾预料到的域名，使其能够支持由 IETF 发布的、关于国际化域名和国际化电子邮件地址的技术标准。由于域名领域的变化非常迅速，因此许多系统无法识别或处理新域名和国际化电子邮件地址。

UASG 下设多个工作组，其中的国际化电子邮件项目组负责协调国际主要电子邮件厂商（如微软、谷歌、苹果等）和各国本地的电子邮件厂商对国际化电子邮件地址技术标准的支持，以争取互联网上主要的电子邮件应用能够尽快支持国际化电子邮件地址技术。

UASG 的国际化电子邮件项目组邀请世界各个国家和地区的电子邮件业务相关厂商的专家共同参与研究工作。

第 3 章
国际化域名应用基础

3.1 国际化域名应用简介

3.1.1 国际化域名应用的发展背景

互联网是一个基于开放系统互联模型的网络，域名是互联网上的基础服务，是用于识别和定位互联网上计算机层次结构的名称标识，与计算机的互联网地址相对应。基于域名可以提供 WWW、电子邮件、FTP 等应用服务。

国际化域名（Internationalized Domain Names，IDN）也称为多语种域名，是指在域名字段里含有非 ASCII 字符的域名。例如，含有日文字符的域名为日文域名、含有中文字符的域名为中文域名。在互联网发展初期，域名只能使用 63 个 ASCII 字符（"a～z""A～Z""0～9""-"），如 www.cnnic.cn.。随着互联网的迅猛发展，20 世纪 90 年代末，国际互联网界提出将原本只能使用 63 个 ASCII 字符的域名采用本地语言文字来表示，也就出现了对多语种域名或国际化域名的需求。

2003 年 3 月，IETF 发布了有关 IDN 的 3 个核心技术标准：RFC 3490、RFC 3491 和 RFC 3492。这 3 个技术标准奠定了 IDN 的技术体系基础。从 2008 年开始，IETF 针对 IDN 遇到的问题，又对 IDN 进行了改进，并在 2010 年 8 月 5 日正式发布了 5 个有关 IDN 的技术标准：RFC 5890、RFC 5891、RFC 5892、RFC 5893 和 RFC 5894。

随着互联网的发展，以及中文用户数量的不断增加，对于中文域名的需求也在增加。中文域名和传统的英文域名有较大差别，例如，域名字段的分隔符（中文句点和英文句点）不同，中文字符有多种形式（包括简体、繁体、异体、古体等），且中文域名的字符集比英文域名的字符集大很多。

我国制定了关于中文域名的国内行业标准，其中《基于国际多语种域名体系的中文域名总体技术要求》（YD/T 2142—2010）和《基于国际多语种域名体系的中文域名的编码处理技术要求》（YD/T 2143—2010）已由工业和信息化部正式发布实施。

《基于国际多语种域名体系的中文域名总体技术要求》主要规定了如何在应用程序中

实现对中文域名的支持，并规定了中文域名的注册指南。《基于国际多语种域名体系的中文域名的编码处理技术要求》主要规定了如何利用 Punycode 编码将中文域名转化为 ASCII 字符形式的域名。

IDN 有助于全球的互联网用户以其首选的语言使用互联网标识，并有助于各公司以各自国家和地区的当地语言保持同一品牌身份。以 IDN 为基础的中文域名的问世，是世界网络业的一个重大突破，它克服了互联网世界的语言障碍，使全球不以英语为母语的广大华人网民可以通过自己的语言上网，从而可以更加真实地体验"网络无国界"。中文域名的应用有助于中文信息交流，提高中文信息服务业的发展水平及其在全球信息服务业中的地位，进一步带动以电子商务为核心的新经济发展等。

我国于 2010 年申请获得".中国"和".中國"中文顶级域名，并于当年 7 月完成入根，已运营至今，成功地为全球的华人网民提供了良好体验。

3.1.2 国际化域名应用的适用性与功能性

国际化域名应用（Internationalized Domain Names in Application，IDNA）标准旨在解决 Unicode 扩展字符的问题，以便在域名中使用这些扩展字符。IDNA 没有改变 DNS 的运行方式，它只是 DNS 上的一种应用程序，该应用程序继续使用准确匹配的查询服务。这种匹配很好地为现有的应用程序提供了服务，用户只需要知道输入应用程序中（如网络浏览器和电子邮件客户端）域名的准确拼写即可。引入较大字符集会使错误拼写的可能性变大，尤其在某些情况下，某些字符有极其相似的外观，如在名片中，在视觉上会造成匹配几个 Unicode 码位或几种序列的码位，从而造成混淆。

IDNA 标准不强制要求其他应用程序符合其要求，也不会追溯性地改变这些应用程序。应用程序可以使用 IDNA 来支持 IDN，同时也可以使用现有的基础设施来维持其互用性。对于想要在公共 DNS 中使用非 ASCII 字符的应用程序来说，IDNA 是唯一的选择。如果应用程序要使用 IDNA，则需要应用程序支持 IDNA 标准，并且要在前端处理留出更多的空间，尤其是要在用户界面中留出更多的空间。

对 IDN 解决方案的讨论主要集中在转换的问题上，以及 IDN 如何在没有更新所有组成内容时发挥作用。IETF 的 IDN 工作组没有选择激进的技术路线，IDN 依赖于用户应用程序、域名解析器及域名服务器，以使用户能以可接受的编码形式来应用 IDN。IETF 的 IDN 工作组采取基于 DNS 框架之上的技术解决方案。

IDNA 不要求改变 DNS 协议、域名服务器或用户计算机的域名解析器，允许通过两种方式来引入 IDN：一是通过避免更新现有的互联网基础设施（如 DNS 和电子邮件传输代理等互联网基础服务）来使用 IDN；二是通过 ACE 编码形式的 A-label 来使用 IDN。

3.1.3 国际化域名应用的易懂性和可预测性

国际化域名应用 2008 版本（IDNA2008）的目标之一是改善用户对 IDNA 工作原理的理解，以及确定使用的字符，因此增强国际化域名的易懂性和可预测性是 IDNA 的重要设计目标之一。系统终端的应用程序在提高 IDNA 的易懂性方面发挥着重要作用，但应用程序在处理国际化域名时通常会遇到一些问题。例如，如果系统的字体中没有包含某个字符，那么就无法显示该字符。当系统的字体没有某个字符时，IDNA 并没有给出应用程序应如何处理的建议，这是因为 IDNA 很少控制显示功能。

如果系统的内部字符采用 Unicode 编码，那么通过本地字符集和 Unicode 字符集的转换可以解决上述问题。如果系统的本地字符集不具有所需的字符或采用了不同的字符编码，就需要加入特殊的逻辑，以避免或减少信息的损失。转换本地字符集和 Unicode 字符集时的主要困难是如何精确地识别本地字符集，并采用正确的转换方式。更为困难的情况是，本地字符集在编码时使用的假设条件并不是 Unicode 字符集使用的假设条件，这些差别通常不会容易地被明确的转换或解释。

在使用 IDNA 之前，IDNA2008 会把原本属于 IDNA 协议（如 IDNA2003）的一部分处理，如字符映射以及其他调整，移到字符串预处理过程中，其目的是在显示、转换和存储过程中更多地使用完全有效的 A-label 或 U-label，这有利于提高易懂性和可预测性。仔细观察预处理过程可以看到，它会引出以下问题：预处理应当怎样做、预处理在什么时候会变得有害、如何兼容 IDNA2003 环境下的域名字段等。

3.2 IDNA2008 对域名注册和域名查询的处理

IDNA2008 对域名注册过程和域名查询过程进行了分离处理。尽管在这两个过程中的大部分步骤是类似的，但这种分离却反映出了现有的实践状况。例如，通用注册限制条件和特殊处理应用在注册过程中，而不是应用在域名查询过程中，这种分离处理可以增加许可字符，避免冻结具体的 Unicode 版本。

3.3 国际化域名中的字符及注册政策

IDNA2008 采用了包含性模式，即：如果某个字符不属于 Unicode 字符集，则 IDNA2008 认为该字符的码位在 IDN 中是无效的，但可以通过例外情况来单独包含该字符。在 IDNA2008 使用新版本的 Unicode 字符集时，通常会有全新的字符码位，这些字符码位可用于建立运算法则及表格文件（见 RFC 5892）的字符列表的浏览模式，并描述这些字符码位的分类名称和适用性。注意：即使属于协议有效分类中字符，也不可以不加选择地使用，因为其中某些字符的使用是和应用环境规则相关联的。

3.3.1 Unicode 字符和类型

从 IDNA2003 的字符排除模式到 IDNA2008 的字符包含性模式的变化涉及 IDN 中可接受字符列表的最新规范标准。在 IDNA2003 中，字符的有效性独立于环境，并且永远是固定的，但已经证明完全环境独立是不切实际的例如，某些字符（Unicode 字符集中的控制字符）需要合理地使用某些文本（依赖于环境），并没有对其他方面造成明显的影响，但 IDNA2003 完全禁止了这类字符。现在已经达成共识：在某些条件下，这类字符需要恰当地使用某些语言和文本。通常，环境规则有助于在不同的文本中处理字符（有可能是完全被禁止的字符）。IDNA2008 将 Unicode 字符分成四类：协议有效、要求环境规则、不接受和未赋值。

3.3.1.1 协议有效

在 IDN 中使用协议有效（PVALID）的字符时会受到协议有效字符环境规则限制或者使用协议有效字符的整个字符串的其他规则限制。例如，包含"从右到左"属性的字符的任何域名字段必须在符合 Bidi（Bi-Directional）规则的环境（见 RFC 5893）中使用。

3.3.1.2 要求环境规则

在 IDN 中，虽然使用某些字符是不恰当的，但这些字符对某些文本来说是必要的，其中两个最常用的字符是零宽连接字符（ZWJ 字符，其 Unicode 码位是 U+200D）和零宽非连接字符（ZWNJ 字符，其 Unicode 码位是 U+200C）。这些字符要求进行特别处理，因为它们也不会被普遍接受（Unicode 会认为它们是标点符号或特殊符号），只能在有限的环境中被接受。

（1）环境规则限制。带有环境规则限制的字符会被认为要求环境规则类型的字符，并且该类字符会与一个环境规则具有关联性。环境规则会定义在特定字符串中使用某个字符是否有效；定义该环境规则本身是否能够用于域名查询和域名注册；需要表明禁止加入的字符及类似的字符（称为环境连接字符）与其他要求环境规则处理的字符（环境其他）之间的区别。环境规则不会完全避免可能造成混淆或问题的字符，其目的是将这些字符的应用限定到字母（字母具有较少的环境规则），域名注册管理机构要对使用这些字符时进行的处理了如指掌。例如，在使用印度字母进行域名注册时，如果需要使用 ZWJ 字符和 ZWNJ 字符，则应该明白这些字符在哪里具有视觉效果，以及它们在哪里没有效果，并做出相应的域名注册规则。在使用拉丁字母或者斯拉夫字母进行域名注册时，可能会用到一些特殊的字符，目前对使用这些特殊字符会导致的异常结果知之甚少，因此域名注册管理者应避免接受包含这些特殊字符的域名。

（2）环境规则应用。环境规则具有描述性，必须对实际的环境规则进行定义，否则环境规则是无效的。如果存在要求环境规则类型的字符，则环境规则要具有真实（在符号的任何位置使用字符）、错误（在任何符号中不使用字符）或者一套程序规则（其中详细规定接受字符的环境）的定义。相对于怎样为每个字符准确地建立正确的规则来说，识别每个字符是很容易的。在字符集的某个版本中，一种常用的环境规则是设置无效数值，和无效数值有关的字符不允许出现在域名字段中。当然，字符集的后期版本可以进行更新，将无效数值变为有效数值。

3.3.1.3　不接受

有些字符不适合在 IDN 中使用，因此要在域名注册和域名查询过程中排除这些字符，即不接受类型的字符。不接受类型的字符包括已经从 Unicode 字符集中去除的字符。如果一个字符被错误地分类为不接受类型，并且这种错误会造成很大的问题，那么唯一的解决方法就是将该字符引入 Unicode 字符集，并将其分类为协议有效类型。如果某个字符符合以下一个或多个条件，那么该字符将被设置为不接受型类型字符。

（1）某个字符在兼容性上等于其他字符。使用更为精确的 Unicode 术语描述，即某个字符进行规格化处理后会变成其他字符。

（2）某个字符只有大写形式，或者通过 Unicode 格式折叠后会映射成其他字符的某种形式。

（3）某个字符是一个记号或者标点符号，或者是用于构成字母和数字的非字母、数字或记号。

3.3.1.4　未赋值

为了便于处理和编制表格，在 Unicode 字符集中未赋值的字符会被看成特殊的字符，即未赋值类型的字符。在域名字段中，禁止使用未赋值类型的字符。限制未赋值类型的字符是因为这些字符的属性不确定，直到将实际的码位分配给它们为止。如果在要查询的域名字段中包含未赋值类型的字符，则这些字符在后期会被赋值为要求环境规则类型的字符。在这种情况下，IDNA2003 可能会允许查询包含未赋值类型字符的域名字段，但更新后的软件版本会限制查询同样的域名字段（这主要取决于环境规则）。应当明确的是，在任何情况下，域名字段中都不应使用未赋值类型的字符。

3.3.2 域名注册政策

当上述规则不足够定义域名注册政策时,域名注册管理机构应当制定额外的限制政策来减少混淆和其他问题。例如,通常情况下,人们认为含有一个以上书写体字母的域名字段是不好的实践,因此有些域名注册管理机构会限制含有少量书写体字母的域名字段。对于大多数字母来说,可以使用不同的技巧(如在 RFC 3743 及 RFC 4290 中描述的技巧),以及通过中文域名协调联合会提供的表格中的中文来阐明,这有助于解决用户的识别问题。

域名注册规定只使用 U-label 格式和/或 A-label 格式,旨在确保域名注册管理机构能完全理解正在注册的域名。该规定不应被理解成要求域名注册管理机构提供特定代码序列的字符。各级 DNS 的管理政策和应用都需要遵守该规定,不仅仅是顶级域名(TLD)或者二级域名(SLD)的注册。

3.3.3 分层限制条件

对于安全性、混淆性或者其他有关 IDN 的问题,目前并没有一种万能的解决方案,因此 IDNA2008 以规范、标准的形式定义了不同的方法和措施,如字符规则。建立域名注册字表是第一种措施,关于在特定应用环境中怎样应用或者限制这些字符的规则是第二种措施,这两种措施合起来构成了在 IDNA2008 协议中可以实现的限制条件。正如前文所述,域名注册管理机构会限制注册的内容,并制定了一些规则,这一方面可以优化混淆和风险,另一方面还可将国际化域名易记的特性表现得最大化。

3.4 与应用程序有关的问题

3.4.1 显示和网络顺序

通常情况下,域名会按照网络顺序(在协议中发送字符的顺序)传输,但可能有不同的显示顺序(在屏幕或者纸张上显示字符的顺序称为显示顺序)。当域名包含从右到左的字符时,尽管网络顺序不会受到影响,但显示顺序会受到影响。如果域名中从左到右的字符和从右到左的字符相邻,那么情况就会变得比较复杂。显示顺序由用户客户端控制,如浏览器、电子邮件客户端、主机网络应用程序等因素都会影响显示顺序。

当在国际化资源标识符(Internationalized Resource Identifiers,IRI)中出现 IDN 时,显示顺序会再次发生变化(见 RFC 3987)。国际化资源标识符或者国际化电子邮件地址包含了各种字符,如国际化资源标识符包含协议标识符("http://")和字段定界符

("mailto:"),当电子邮件地址包含"@"时,会将本地部分从域名中分离出来。应用程序开发者必须选择国际化资源标识符或者国际化电子邮件地址中的字符是从左到右的还是从右到左的。例如,域名"abc.def",如果是从右到左的字符,则域名的输入顺序是fed.cba。如果字符是从右到左(RTL)的,那么在输入域名时是否每次都应当颠倒整个域名呢?在输入域名之前,如果输入"http://",那么情况是否会发生改变?这是否意味着用户要以网络顺序的国际化资源标识符作为开头呢?根据20世纪80年代和90年代关于组合系统的经验,在网络顺序(从左到右)中的域名中使用显示顺序(从右到左)的字符时会发生混淆。如果每个应用程序都在这些问题上做出自我决策,那么当信息在应用程序间进行交换时,有时就会失败。

3.4.2 应用程序的登录和显示

应用程序可以使用任何字符集或者字符编码系统来接收和显示域名,IDNA 的协议并不会影响用户和应用程序之间的界面。支持 IDN 的应用程序能够以两种方式接收和显示 IDN:应用程序支持国际化字符集以显示 U-label 格式的字符,以及应用程序允许显示 A-label 格式的字符(但不鼓励这么做)。通常,应用程序开发者应允许但不鼓励用户输入 A-label 格式的字符,因为 A-label 格式的字符是不透明的,并且其变化不易被察觉。IDN 使用的字符可以采用 A-label 格式或 U-label 格式,应用程序可以合理地让用户选择自己偏好的显示顺序。

域名是互联网的基本元素,会在许多应用程序中存储和传输。域名是文件的构成部分或者电子邮件信息和网页的核心元素等,如简单邮件传输协议(SMTP)的控制命令、相关电子邮件主要部分标题以及 WWW 服务程序所用的协议等。在定义如何处理规范标准或者字符集的互联网协议中,会对允许的字符集进行设置。如果互联网协议中只允许一个字符集,那么域名字段必须采用这个字符集。并不是所有的字符集都适合用于域名字段,IETF 推荐的字符集是 Unicode 字符集,也是目前主流的世界通用字符集。如果 U-label 格式的字符不能显示全部域名字段,就只能选择 A-label 格式的字符。

IDNA2008 没有固定一个字符和其他因素之间的映射关系。IDNA2008 禁止输入基于拉丁语的数学符号,以及大写字母、宽字符等。当用户需要使用这些字符时,可以通过特定的客户端进行处理。

RFC 5892 不能使用 NFKC(规格化形式 KC)转换字符串,如果应用程序在域名查询之前执行了 NFKC 转换,那么就可以使应用程序查询任何有效的字串,该操作是安全的。不过,正如上文所探讨的,由于应用程序不能保证其他应用程序都执行 NFKC 转换,因此在执行 NFKC 转换时会发出警告。在许多情况下,系统会支持用户界面执行一些适合本地环境的字符映射,这种映射可以作为上述讨论的 Unicode 惯例和协议文件(见 RFC

5891）的一部分，但这些变化只能是本地的变化。

对系统互换应用来说，映射显得更为重要，在没有信息损失的前提下，U-label 格式的字符和 A-label 格式的字符可以相互映射。在仅使用 ASCII 字符的 DNS 中，可以通过大小写不敏感的方式来查询和匹配域名，但没有发生实际的大小写转换。

3.4.3 语言期待：合体字、连体字和交替字符形式

在很多情况下，用户会期待字符匹配或者实现语言的正确拼写，例如：

（1）挪威的用户可能会将连体字"ae-"和"a-"当成相同的字符，但英国的用户会感到很惊讶。

（2）德国的用户可能会将"o-"及其元音变音"oe"当成相同的字符，但在挪威语中会造成明显的错误。

（3）中国的用户可能会期望自动匹配简体中文字符和繁体中文字符，但在韩文或日文中会造成很大的混淆。

（4）英语的用户可能会期望匹配"theater"和"theatre"。

很多语言使用连体字，即使用两个字符来表示一个单音位。例如，在"pharmacy"和"telephone"中的"ph"（这些字符也可以连续出现，如"tophat"）。有些连体字可以通过两个靠近的字符来实现，用合体字作为连体字。例如，在"encyclopaedia"中，有时使用 U+00E6（拉丁小写连字 AE）来表示"ae"。

例如，合体字"ae"是拉丁文字母表中第 27 个字母和第 29 个字母，它等同于瑞典字母表中的第 28 个字母（也包含第 29 个字母），即 U+00E4（"ä"，带有分音符号的拉丁文小写字母 a）。根据现有的正确拼写标准，"ae"不能被取代。字符 U+00E4 也是德语字母表的一部分，和北欧语系不同，"ae"通常被当成"ä"的正确拼字方法，反过来是不正确的，并且这两个字符不会组合到"ä"中。对于德文字符，如 U+00F6（"ö"，带有分音符号的拉丁文小写字母 o），则不能用于姓名（如"Goethe"）中。字符 U+00E4 也是在瑞典文字母表中的字母，但不能将"ä"表述为"oe"，并且在挪威文字母表中不是"ö"。

匹配和对比运算法则通常需要字符所在的语言环境信息，但是 IDNA 或者 DNS 中不存在这样的信息，因此 IDNA2008 无法以特殊的方式来处理组合字符（如连体字或和合体字）。

域名注册管理者要了解特定的语言环境，对于要注册的域名字段，某些语言环境会将两个字符看成组合形式，这时可以使用 RFC 3743 给出的模型，禁止其中一种形式的注册，从而减少以不同的形式进行域名注册而造成混淆和欺诈的可能性。

3.4.4 大小写映射和相关问题

在 DNS 中，ASCII 字符保留了大小写形式，但在域名查询过程中是大小写不敏感的，在此过程中大小写所阐述的信息会丢失。因为 DNS 没有涉及 IDN 的解析，所以不能对 IDN 进行大小写不敏感匹配，因此在域名查询或域名注册过程中和在服务器中进行匹配时，要保持大小写的分离处理。

在 IDNA2003 中，所有的字符都是可以进行大小写转换的，但有些字符是没有大写形式的。例如，在进行 Unicode 字符的大小写转换操作时，字符 U+03C2（"ς"，希腊语小写字母词尾 Sigma）转换的中间形式是字符 U+03C3（"σ"，希腊语小写字母 Sigma），并最终转换成字符 U+00DF（"ß"，拉丁文小写字母 SharpS），这些转换是不可逆的，因为字符 U+03C3 的大写形式是字符 U+03A3（"Σ"，希腊文大写字母 Sigma）。

在 IDNA2003 中，"σ" 和 "ß" 可能被转换成其他字符，并且这种转换是不可逆的，所以不论 "σ" 还是 "ß"，都不能在 IDNA2003 中用 ACE 编码的形式来表现，也不能用 U-label 格式来表现。

3.4.5 从右到左的字符

为了确保从右到左的字符方向性是正确的，在 IDNA2003 中，如果域名字段是从右到左的，则从右到左的字符都要在域名字段的开头和结尾出现，并且不包括任何带有从左到右的字符（但接受欧洲数字）。这是一种坚持整个域名字段的 IDNA 运算法则，而不仅仅是单独的字符。当在从右到左的域名字段中最后一个字符要求使用组合字符时，IDNA2003 中的运算法则会拒绝这个域名字段。

对于使用辅音字母表，以及域名字段具有不同方向性字符这两种情况来说，这种禁止是不可接受的。在这两种情况下，组合字符就成为正确拼写的重要组成部分。例如，依地语（也称为犹太语）使用扩展的希伯来字母及迪维希语（马尔代夫的官方语言，也是从阿拉伯字母衍生而来的）来书写。IDNA2008 去除了最终组合字符的限制，用最新从右到左的字符，以及在 Bidi 文件（见 RFC 5893）中详细规定的规则来代替。

3.5 IDN 和健壮规则

健壮规则通常是指对于发送的内容持保守态度，对于接收的内容持宽容态度。例如，参考应用层主机要求规范标准（见 RFC 1123）中的 1.2.2 节，在将健壮规则应用到域名注册机构时，域名注册机构应当对注册的内容以及在网络上的内容持保守态度。对于 IDN 来说，域名注册管理机构和域名注册机构必须具有对注册内容进行限制的政策，并执行和落实这些政策；域名查询应用程序也会拒绝明显违反健壮规则的域名字段。一旦通过健壮规则，并且处理了对应用环境敏感的事宜，就可以认为 DNS 中不存在不符合规则的信息。也就是说，在 DNS 中进行域名查询时应持宽容态度，而不是猜测所查询的域名是否已经允许注册。应用程序开发者应当注意，在使用 DNS 通配符的地方，可能会成功地找到匹配的域名，但并不能保证这些域名已被注册了。

3.6 域名处理查询的前端和用户界面

在许多场合中，用户可以先输入域名或者在标识符中嵌入域名，如电子邮件地址、通用资源标识符或者国际化资源标识符，然后由系统来处理。系统对通用资源标识符进行规格化处理后，确定（或者猜测）所查询的域名是否有效，或者在没有找到域名的前提下，确定多个所查询的域名是否指向同一个对象（对于没有试图查询的通用资源标识符类型来说，只进行对比不进行查询是必要的）。

域名在系统间传输通常是以 A-label 格式进行的，但处理域名的程序必然会使用 U-label 格式或其变体形式。符合 IDNA 协议（见 RFC 5891）的应用程序通常会由用户输入字符，然后将输入的字符转化为 Unicode 格式。将用户输入的字符转换为 Unicode 格式的过程通常是很简单的。例如，用户在通过键盘输入 "A" 时，如果未同时按下 "Shift" 键，则可输入的是小写字母 a，大多数操作系统和输入法会认为是字符 U+0061（英文小写字母 a），并且用 1 个字节（8 位的字节）来进行编码。

但有时候这个转换过程会变得很复杂。例如，用户在输入 "A" 的同时按下来特定的按键，可能会得到其他的输入结果。根据用户使用的操作系统和输入法，以及应用程序的参数，产生的结果可能是字符 U+0101（"ā"，带长音符的拉丁文小写字母 a，在 UTF8 或 UTF16 中用 2 个字节编码，在 UTF32 中用 4 个字节编码），字符 U+0304（"¯"，长音字符）和字符 U+0061（"a"，英文小写字母 a）的组合（用 3 个或者多个字节编码，依赖于所使用的编码系统），或者字符 U+0304（"¯"，长音字符）和字符 U+FF41（"ａ"，全角形式的英文小写字母 a）的组合（以其他形式来编码）。

在 IDNA2003 中，使用名字预处理程序（见 RFC 3491）可以将用户输入的字符转换为 Unicode 格式。名字预处理程序有两个独立的转换步骤：一是输入方法所做的转换，这种转换受操作系统、应用程序等的影响；二是 IDNA2003 规定的转换。第二步的转换会将 DNS 中查询的内容系统化，使其与名字预处理程序之间具有更好的互用性。但是，在使用输入方法进行转换后，用户可能会得到 "意外" 的结果。

IDNA2003 假设名字预处理程序可以得到 "合理" 的 Unicode 字符。

IDNA2008 在转换时与 IDNA2003 有很大的不同。IDNA2008 并没有设置转换的方法，认为应用程序会将用户输入的字符转换为 Unicode 格式，这给了应用程序非常大的灵活性，用户可以选择合适的转换方法，避免了原来的两步转换。INDA2008 提供了一套分类方法，用于详细规定域名所允许的有效字符。

在 INDA2008 中，应用程序需要根据用户输入的域名选择合适的转换方法，但在实践中，确定用户的意图是非常复杂的事情，主要取决于地点、语言和输入方法类型等。

3.7 IDNA2003 和 Unicode 版本的同步化

3.7.1 设计标准

在互联网架构委员会（IAB）和 IDN（见 RFC 4690）的建议中，IDNA2008 有以下两个关键目标：

（1）应用程序在不确定运行环境时，应支持 Unicode3.2 以后的版本。
（2）允许增加新的字符、字符组、书写体，以及 Unicode 中的其他字符。

3.7.1.1 IDNA 有效性总结和探讨

在 IDNA 中，有效域名字段中使用的字符应符合以下原则（见 RFC 5891 和 RFC 5892）：

（1）域名字段中的字符可以是字母、组成字母的记号、数字或者某些语言中的书写文字。标号、绘图文字以及各种不同的符号文字倾向于被永久性地排除在外。

（2）除了一些例外情况，如在一些特定语言里需要标点符号来书写文字，标点符号会被排除在允许的域名字符之外。

（3）Unicode 中根本没有分配码位的字符是不能作为在域名字段中使用的，甚至在域名查询中也不能使用这些字符。

（4）可能会被规格化为其他字符的字符也被禁止在 IDNA 中使用（域名注册或者域名查询也是如此）。

以上原则是 IDNA2008 规定的原则，这些原则会识别 IDNA 中有效的字符。

3.7.1.2 注册域名字段

在 DNS 中注册的域名字段要经过验证，必须要满足域名字段的标准。自从部署 DNS 后，域名注册管理机构就要求验证域名字段以满足 RFC 0952 的要求，这些要求都是由应用程序来实现的。对于支持 IDNA 的 DNS 来说，支持 Unicode 不同版本意味着要对 DNS 内设置的所有字符串进行限制，尤其是以下限制：

（1）任何以 A-label 格式出现的域名字段，也就是说，任何以"xn--"开头的域名字段在 IDNA 中必须是有效的，即它们必须是有效的 A-label 格式。

（2）Unicode 字表（码位、字符分类和属性表格）和 IDNA 表格（应用环境规则表格）必须与要注册的域名字段保持一致。注意：这样做并不是要求这些域名字段反映 Unicode 的最新版本，而是要求在系统中使用的表格相互之间都保持一致。

在这种情况下会要求更新注册表格，从而启动最新的字体或者其他集合的最新字符，使域名注册不会受到 Unicode 较新版本或者最新授权的字符的影响。当查询或者解析 DNS 域名字段时，尤其是国际化 DNS 域名字段，要求 DNS 的域名字段必须遵守注册规则。

3.7.1.3 查询域名字段

任何应用程序都要通过 IDNA 来处理域名字段，这就要求应用程序遵循下列规则：

（1）应用程序应维持版本一致的 IDNA 表格和 Unicode 字表，除非应用程序在字表文件（见 RFC 5892）中执行分级规则，否则 IDNA 表格必须从系统支持的 Unicode 版本中衍生出来。对于域名注册来说，IDNA 表格不需要反映 Unicode 的最新版本，但是它们必须保持一致。

（2）应用程序只能在确定的 U-label 格式字符范围内验证要查询的域名字段，域名字段不能包括不接受类型的字符或者在 Unicode 中未分配码位的字符。

（3）应用程序要验证的域名字段应符合较少数量的全域名字段规则，尤其是要验证：域名字段不存在组合字符；如果出现从右到左的字符，则必须满足 Bidi 条件；任何与连接符有关的环境规则都要进行验证。

为了进一步阐明处理要求环境规则类型的字符的方法，假设用户具有要求环境规则类型的字符，但是实际上却没有环境规则。在这种情况下，就要按照处理不接受类型的字符的方式来处理要求环境规则类型的字符。这等同于"在原则上接受允许这个字符，但是在实践中并不允许，直到在安全地使用它的问题上达成一致意见为止。"

根据上述规则处理域名字段的应用程序或者客户端，在 DNS 中解析域名时能够定位被注册的域名，只要这些域名在 IDNA 中有效即可。

3.7.2 字符解释的变更

3.7.2.1 字符变更：Eszett 和最终 Sigma

在区别大小写的字符中，存在某些大写字符不能匹配小写字符的情况，反之亦然。对于这些字符来说，在构建 IDNA2003 的 Stringprep 表格中所使用的映射时，可以使用

Unicode 进行大小写转换操作，从而产生不同的字符或者字符集。这种类型的两个典型字符是 U+00DF（拉丁小写字母 SharpS，德语 Eszett）以及 U+03C2（希腊文小写字母词尾 Sigma），前者可通过大小写转换为 ASCII 字符"ss"，后者可转换为字符 U+03C3（希腊文小写字母 Sigma）。

3.7.2.2 字符变更：零宽连接字符和零宽非连接字符

IDNA2003 并没有对零宽连接字符（ZWJ 字符，其 Unicode 码位为 U+200D）以及零宽非连接字符（ZWNJ 字符，其 Unicode 码位为 U+200C）做出任何映射，应当从域名字段中去掉这些字符，并将包含它们的字符串和没有包含它们的字符串当成同样的字符串。正如前文所述，这些字符对于编制某些字体的易记码是非常重要的，因此在 IDNA2008 中将它们视为有效字符。

3.7.2.3 字符变更和过渡

从 IDNA2008 中消除强制性和标准化映射的决策，使得 A-label 格式的字符和 U-label 格式的字符等效，但会产生一些问题字符。如果不接受这些字符，那么无法以合理而正确的拼字方式书写重要的易记码。如果这些字符被作为截然不同的字符，就不会产生信息损失，并且会使域名注册具有更大的灵活性，但是在 IDNA2003 和 IDNA2008 中进行域名查询会造成不同的 A-label 格式的字符，还可能会产生不同版本间的不兼容性。为了消除由于不兼容性带来的问题，IETF IDN 工作组的有些专家建议采用变更"xn--"前缀的办法，经过讨论，工作组没有采用该建议。因此工作组得出结论：U+00DF 和 U+03C2 应当被视为独特的协议有效类型的字符。

IDNA2003 和 IDNA2008 是以不同的方式来解释这些字符的，所以两个版本的过渡政策就变得非常必要。应用程序可以合理地执行这些过渡政策，但由于实际情况的多样化以及 DNS 的应用问题，域名注册管理者在维护域名字段（尤其是在第三方域名注册机构注册的域名）时，必须考虑怎样才能以不会产生混淆、严重弱化或者使现有标识符无效的方式来引入新的字符。在引入 IDN 时以及允许新的字符作为域名字段时，域名注册管理机构也面临过类似的问题。

3.7.2.4 过渡政策

较早版本的 IDNA 是通过转换来引入新的字符或进行字符变更的，但由于在 IDNA2003 之后的版本中这些字符都是有效的，因此转换问题就变得极为复杂。在没有对完整性做出任何参考或者声明的前提下，将做以下类似转换：

（1）不允许在域名中使用新的字符。在使用新的字符时，如果使用 IDNA2003 中的转换方法，则会造成域名查询失败。

（2）对于包含特殊字符的情况，例如字符 U+00DF（拉丁小写字母 SharpS，德文 Eszett）中包含"ss"，在这种情况下的字符 U+03C2（希腊语小写字母词尾 Sigma）、ZWJ 字符或 ZWNJ 字符，会被优先注册成包含字符 U+00DF、字符 U+03C2 或者适当的 ZWJ 字符等。

（3）域名注册机构可以采用某些"变体"的方法来获取两种字符形式的域名字段。

（4）根据 IDNA2003 的转换方法，某些域名在注册时会产生同样的 A-label 格式的字符，要么不允许注册这类域名，要么注册这类域名的一种变体。

（5）忽略产生的问题，通过市场或者其他机制来解决这些问题。

无论在什么情况下，如果域名字段中包括这类字符，都必须以某种形式来处理该类字符与当前可能产生冲突的域名字段之间的关系。例如，在 DNS 初次引入 IDN 时，就已经有很多包含"xn--"前缀的域名被注册了。

3.7.3 消除字符映射表

正如前文所述，IDNA2003 是通过名字预处理程序来进行字符转换的，但在 IDNA2008 中不存在字符映射表，因此 IDNA2008 强烈建议只使用 A-label 格式或者 U-label 格式的字符。

3.7.4 域名前缀变化的问题

3.7.4.1 要求域名前缀变化的条件

如果某个域名在查询时有不同的结果或者不同版本的协议对该域名有不同的解释，则需要改变域名前缀来加以区分。当且仅当满足以下四种条件之一时，需要改变域名前缀。

（1）在从 A-label 格式到 U-label 格式转换时，IDNA2003 和 IDNA2008 产生的结果不同。

（2）在 IDNA2003 和 IDNA2008 中同时生效的域名产生了两个不同的 A-label 格式的字符，而且这种情况还特别多。该条件被认为与上一个条件等同。

注意：如果某个域名在一个版本的 IDNA 中是有效的，但在另一个版本的 IDNA 中是无效的，那么这种条件就不适用。

（3）对于要插入 DNS 的字符串做出了根本变更。

（4）大量新的字符加入 Unicode，使 Punycode 编码无法进行转换。

3.7.4.2 不要求域名前缀变化的条件

以下变化不要求改变域名前缀：

（1）当输入了 IDNA 中禁止的某些字符时，可能会无法获取已注册的域名，但不会改变域名。

（2）对 IDNA 字表及其处理方式做出了调整，影响到了 IDNA2003 中已经无效的字符。

（3）IDNA 的定义方式没有改变 IDNA 的操作模式。

3.7.5 Stringprep 变更和兼容性

名字预处理（见 RFC 3491）是 IDNA2003 的关键部分，是对 Stringprep 的概述（见 RFC 3454），是 IDNA 的特殊处理框架。如果 IDNA2008 通过修改 Stringprep 来改善 IDN 的处理方式，则这些变化会在非 DNS 使用中产生某些问题，最为显著的是可能会影响识别和认证协议。值得注意的是，与 IDNA2003 不同，由于 IDNA2008 没有修改 Stringprep，因此 IDNA2008 对于其他使用名字预处理的协议也没有负面影响。

保持 IDNA 处理过程和其他安全协议的处理过程的分离显得尤为重要。设置某些限定条件可以更加顺利地使用 IDNA，但是这些限定条件在其他环境中是没有必要或者不受欢迎的。例如，密码或者口令的字符标准和国际化域名中的字符标准是截然不同的，密码应当很难被猜测出来，而国际化域名应当很容易被人记住。

3.7.6 标志符号问题

IDNA2008 与 IDNA2003 之间的主要区别之一是 IDNA2003 允许使用各种不同种类的非字母符号，包括标志符号和线条符号，但在实践中不鼓励使用这些符号。互联网工程指导组（IESG）以及 ICANN 都明确规定在域名字段中只能使用语言字符，IDNA2008 不允许使用标志符号，具体原因如下：

（1）正如前文所述，IDNA2003 使尽可能多的 Unicode 字符直接或间接转换成其他字符。IDNA2008 以包含性模式进行操作，并且根据原始主机名称规则做出推断，原始主机名称的定义已经可以很好地服务于 Unicode 字符，而不是 ASCII 字符。

（2）标志符号比字母的问题更多，因为在标志的外形和符号匹配方面没有统一的标准，标志符号的命名也没有统一的惯例，标志的外廓、实心和阴影等的变化可能存在或者可能不存在。例如"心形"符号，可能会读成"我爱…"。当用户可能将这个标识读成"我爱…"或者"我心…"时，在 Unicode 中需要通过编码来加以区别。在 Unicode 中存在多个"心形"符号，如 U+2665、U+2661 及 U+2765。

（3）当字符的名称不明显并且任何人不熟悉所讨论的语言时，且必须聆听 DNS 域名翻译时，这会使盲人用户所使用的屏幕读取器变得更加复杂。

（4）作为标志符号的简化案例，假设有人想要在一个符号中使用一个"心形"或者"星形"符号，则是有问题的。因为在命名的统一字符编码中这些名称是不明确的，用户或者相关的域名注册管理机构无法得知明确的名称。当用户看到"心形"或"星形"标志符号时，也不知道该符号是"心形""爱""黑心"或者其他符号。

在实际中，用户通常不可能说出 U+2665 心形符号和 U+2765 心形符号之间的区别，以及 U+2606 星形符号和 U+2729 星形符号之间的区别。因此，描述"心形"或"星形"标志符号时就很不明确，而且在 Unicode 中还有各种不同类型的标志符号。

这种不明确性的后果是标志符号会变得缺乏根据。Unicode 建议在标识符中不使用标志符号。

3.7.7 未分配码位的字符

在 IDNA2008 中，禁止在域名查询或者域名注册中使用未分配码位的字符。未分配码位的字符不能作为不接受、协议有效以及要求环境规则类型的字符，其原因如下：

（1）涉及字符环境的测试以及域名字段的完整性测试。不允许使用未分配码位的字符，是因为在为字符分配码位并完全理解这些字符的属性之前，人们不能确定为它们分配的码位是否要求环境规则。

（2）不能提前得知最新分配的码位是否和在字表文件（见 RFC 5892）中规则不能接受的字符有关（如兼容性字符）。在 IDNA2003 中，为不直接依赖于 NFKC 兼容性的字符分配码位可能会产生异常（Stringprep 中的许多条目都以 NFKC 为基础，IDNA2003 只能依赖于 Stringprep）。在 IDNA2008 中，除非特定字符，否则不会接受兼容性字符。

（3）Unicode 详细地规定了对未分配码位字符的规格化（如大小写转换），在为字符分配码位时，如果新分配的码位具有和其他组合字符配置相关的组合类型，则该字符可能会被规格化为其他字符或组合字符。

3.8 基于国际化的考虑

DNS 域名字段和完整的域名为用户识别互联网中的参考资源提供了易记码的形式，IDN 扩展了这些易记码的范围，主要扩展了以语言和字符集为基础的易记码，而不是以西欧字符和罗马字符为基础的易记码。

IETF关于字符集和语言的建议（见RFC 2277）适用于通过语言识别来提供特定的环境。DNS是全球性和国际化的，域名最终和语言无关，但将语言（或者类似环境）加入IDN中或者用于匹配DNS时，会在DNS中形成环境决定的匹配。对DNS协议本身来说，这是非常重大的变化，这也意味着用户需要识别与具体字符有关的语言，以便查找该字符。通常情况下，这不容易实现，因为许多字符都不是某一种语言中的字符，往往涉及多种语言。

第4章
国际化域名技术详解

4.1 国际化域名简介

国际化域名应用（Internationalized Domain Names in Applications，IDNA）允许用户应用程序将 Unicode 格式的字符串转换为与 ASCII 格式兼容的编码形式，即 ACE 编码。ACE 编码是一种有效的 DNS 字符，其中只能包含符合 LDH 语法的字符串。IDNA 使用的 ACE 编码称为 A-label 编码，用户可以在现有的 DNS 中查找到准确的 A-label 编码。在使用 Punycode 编码运算法则（见 RFC 3492）产生字符串之前，根据前缀"xn--"可以识别出 A-label 编码，因此用户应用程序可以识别 A-label 编码，并将其转化为 Unicode 字符集或者某些本地编码字符集。在域名注册机构来看，在 IDNA 中可以使用 A-label 编码来进行国际化域名（IDN）注册，这种注册可以提供有效的 IDN 字符集，并且可以进行限制或捆绑注册（在一个注册中对类似的字符进行分组）。有时，域名注册和域名查询是分开进行的，并且要满足不适用查询的某些具体要求。域名系统（DNS）的客户端和域名注册机构在处理 IDN 时的要求有一些区别，域名注册机构要求注册非常准确而有效的 A-label 编码，同时要求 DNS 的客户端做出一些映射，将无效的用户输入转换成有效的 A-label 编码。

IDNA 的第一个版本发布于 2003 年，被 RFC 5894 引用为国际化域名应用 2003 版本（IDNA2003）。IDNA2003 由四个文件构成：IDNA 基础规范标准（见 FC 3490）、名字预处理（见 RFC 3491）、Punycode 编码（见 RFC 3492）以及 Stringprep 表格（见 RFC 3454）。目前使用的是国际化域名应用 2008 版本（IDNA2008），仅依赖于 Punycode 编码，不依赖于 IDNA2003 的其他规范标准。

DNS 中的字符应符合 DNS 规范标准（见 RFC 1034 和 RFC 1035）的要求（如不区分大小写），在 IDNA2003 中是通过大小写转换来实现的。通常情况下，会将大写字符转换成小写字符，但如果强迫进行大小写转换，会失去处理两个字符的能力，因此在 IDNA2008 中大小写的转换与 IDNA2003 略有不同。

IDNA2003 只使用 Unicode 3.2，为了查找最新版本 Unicode 中加入的字符，IDNA2008

弱化了 Unicode 具体版本，并且在 Unicode 最新字符属性（存在一些例外）中确定了如何在域名字段中使用这些字符。

4.2 IDNA 的技术框架

4.2.1 IDNA2008

IDNA 在 2008 年进行了大范围的调整，形成 IDNA2008。IDNA 的早前版本是基于 RFC 3490 和 RFC 3491 的，为了方便起见，将 IDNA 的早期版本统一看成 IDNA2003，IIDNA 的新版本继续使用了早期版本的 Punycode 编码（见 RFC 3492）以及与 ASCII 兼容的编码（ACE 编码）。

IDNA2008 主要由以下技术标准构成：

（1）RFC 5890：提供了理解其他技术标准所需的定义和材料，在其他技术标准里可以将该技术标准看成"定义"。

（2）RFC 5894：提供了解释性材料的协议和相关表格的概览，以及进行 IDNA2008 决策的某些基本原理，该技术标准还包括对注册操作的建议以及对 IDN 用户的建议。

（3）RFC 5891：提供了 IDNA2008 的核心协议、操作，以及双向字符（Bidi）标准，用于取代 RFC 3490。

（4）RFC 5893：详细规定了从右到左字符的特殊分类规则。

（5）RFC 5892：包含 Unicode 5.2 码位分配规则，以及部分 IDNA2008 协议，用于识别以原始字符形式定义的 U-label 编码。

4.2.2 字符和 DNS 术语

4.2.2.1 字符和字符集

码位是字符集中编码空间内的整数值，在 Unicode5.2 中，编码空间为 0～0x10FFFF，字符集中包含了超过 100000 个字符。在 Unicode5.2 中，通过"U+"和 4～6 个十六进制数来表示一个 Unicode 码位，两个码位用 ".." 分开，不使用前缀。

ASCII（American Standard Code for Information Interchange）是美国信息交换标准码，是一个包含 128 个字符的字符集，Unicode 包含了所有的 ASCII 字符。

"字母"是 ASCII 字符的一般化，是对术语的常识性理解，是指用于编写文本的字符，而不是数字、符号或者标点。

4.2.2.2 DNS 术语

当讨论 DNS 时,其中的术语通常是 RFC 1034 或 RFC 1035 中的术语。例如,术语"查询"用于规定 IDNA2008 开展的操作组合,以及 DNS 执行者实际开展的操作;登录 DNS 的过程可以用术语"注册"来描述,任何 DNS 区域管理都可以被定义为"注册",并且术语"注册"和"区域管理"可以互换使用。

术语"LDH 码位"是指 ASCII 字符的码位(U+0041~U+005A 和 U+0061~U+007A)、数字(U+30~U+39),以及连字符"-"(U+002D)。LDH 是字母(Letter)、数字(Digital)和连字符(Hyphen)英文单词的首字母。

术语"域名字段"是域名的组成部分,域名字段通常用点分开。例如,域名"www.example.com"由三个域名字段构成,即"www""example""com"。在 RFC 1123 中,使用尾随点"."的完全域名,可以表示为"www.example.com."或者"www.example.com"。

4.2.3 IDN 术语

IDN 也定义了专用术语,以减少对过去出现问题之术语和定义的依赖。

4.2.3.1 LDH 字段

LDH 字段是由 ASCII 字母、数字以及连字符构成的字符串,在字符串开始和末尾出现的连字符表示有更多的约束条件。和 DNS 一样,LDH 字段的总长度不能超过 63 个字节。LDH 字段也称 LDH 符号,包括 IDNA 所使用的特定字符,以及某些其他限制形式。

为了便于理解,IDNA 为 LDH 字段创建了两个子集,即保留 LDH 字段(R-LDH 字段)以及非保留 LDH 字段(NR-LDH 字段)。保留 LDH 字段也称为符号域名,在其中的第 3 个和第 4 个字符之间包含"--",但同时也符合 LDH 字段规则。

在 IDNA 中只能使用 R-LDH 字段,该子集包括以"xn--"为前缀的字符分类,但同时也要符合 LDH 字段规则要求。在 IDNA 技术标准中,子集称为 XN-label,XN-label 会被进一步细分,在"xn--"之后的字符中有的是 IDNA 转码算法(见 RFC 3492)的有效输出,有的是无效输出。如果是 IDNA 转码算法的有效输出,则 XN-label 称为 A-label 编码。LDH 字段以及任何确定的 DNS 字段的长度不能大于 63 个字节,并且 IDNA 转码算法中衍生的 XN-label 部分的长度不能大于 59 个 ASCII 字符。非保留 LDH 字段是有效的 LDH 字段,但在其第 3 个字符和第 4 个字符之间不能是"--"。

对 Unicode 字符进行有效字符限制,其结果是符合 RFC 3492 中的 Punycode 编码。有效的 A-label 编码是 U-label 编码的 IDNA 转码,A-label 编码只能使用小写字母。

带有前缀"xn--"的某些字符串无法通过 IDNA 转码算法来得到所需的结果，或者其结果会违反 IDNA 的限制条件，因此这些带有"xn--"前缀的字符串不是有效的 IDNA 字符。为了方便起见，将这些字符串称为假 A-label（Fake A-Label）编码。

不带前缀"xn--"的 R-LDH 字段中的字符不是有效的 IDNA 字符，为了将来在 IDNA 中使用这些字符，不能将这些字符当成普通的 LDH 字段来处理，而且不能将这些字符和其他的 IDNA 字符混用。

对 IDNA 而言，有效的字符包括 A-label 编码、U-label 编码和 NR-LDH 字段。IDNA 字符有两种类型：与 ASCII 兼容的字符和 Unicode 字符，相应地称为 A-label 编码和 U-label 编码。

IDNA 中 ASCII 字段和非 ASCII 字段如图 4-1 和图 4-2 所示。

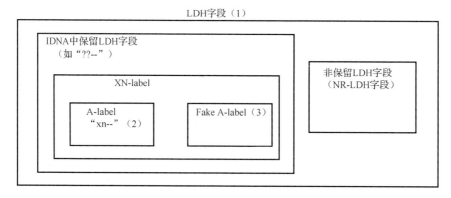

图 4-1 IDNA 中的 ASCII 字段

图 4-1 中：

（1）保留 LDH 字段包括字母（大小写）、数字和连字符，连字符不会出现在开始或末尾，不会超过 63 个字节。

（2）此处"xn--"后面的字串必须是 IDNA 转码算法的有效结果，必须能够转变为有效的 U-label 编码。

（3）假设 A-label 编码具有前缀"xn--"，但字符串的其余部分不是 IDNA 转码算法的有效结果。

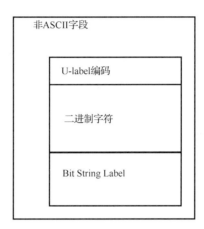

图 4-2 IDNA 中的非 ASCII 字段

注：非 IDNA 应用程序无法区分 U-label 编码和二进制字符。

4.2.3.2 IDNA 字段编码术语

（1）IDNA 有效字符、A-label 编码和 U-label 编码。对 IDNA 而言，三种类型的有效字段包括 A-label 编码、U-label 编码以及 NR-LDH 字段。

如果字符串能够满足 IDNA 标准的所有要求，那么称这些字符串是 IDNA 有效的。IDNA 有效字符串可以以下面两种形式给出，可以从 NR-LDH 字段中获取。IDNA 有效字符串必须符合 DNS 要求。

① A-label 编码是 IDNA 有效字符串的 ASCII 形式，它必须是完整的字段，也就是说，IDNA 定义的是完整的字段，而不是字段的一部分。通过 IDNA 的定义，A-label 编码会以与 ASCII 兼容编码前缀"xn--"开始，并且字符串是 IDNA 转码算法（见 RFC 3492）的有效结果。前缀和字符都要符合 DNS 的要求，满足以上要求的字符串可转码为 U-label 编码。

② U-label 编码是 Unicode 形式的 IDNA 有效字符串，采用规范化形式（NFC），通过 Punycode 编码（见 RFC 3492）可进行 U-label 编码和 A-label 编码之间的转换。

U-label 编码和 A-label 编码必须服从对称约束，而且它们也必须能相互转换，这意味着，U-label 编码和 A-label 编码都必须采用规范化形式（见 Unicode-UAX15）。

适用于 DNS 字符的规则一般也适用于 U-label 编码或 A-label 编码，但有两个例外：一是对 ASCII 字符的限制并不适用于 U-label 编码；二是将 A-label 编码转换为 U-label 编码时，由于 Punycode 编码算法的压缩效率，产生的字符串远大于 63 个字节（DNS 的限制），可能达 252 个字节）。从 IDNA 的角度来说这种扩展长度的 U-label 编码是有效的，但要注意，某些应用程序可能对长度有限制。

非 IDNA 应用程序可能只认为 LDH 字段是有效的，IDNA 应用程序允许 A-label 编码和 NR-LDH 字段同时出现在区文件和查询中。U-label 编码可以和 A-label 编码、NR-LDH 字段一起出现在用户界面的形式中；在使用 U-label 编码时，U-label 编码不直接应用于 DNS 本身。

有些看起来是 A-label 编码或 U-label 编码的字符并不完全符合 A-label 编码或 U-label 编码的限制条件，它们在 A-label 编码验证过程中可能会导致失败，因此，未通过 A-label 编码验证的 XN-label 不是 A-label 编码，被称为假 A-label 编码。同样，未经过验证的 Unicode 字符也并非 ASCII 字符，它们可能满足 U-label 编码的要求。

（2）NR-LDH 字段。NR-LDH 字段涉及所有的 ASCII 字符，A-label 编码应符合 RFC 0952 中的主机名规范，而不是长度限制。

（3）IDN 字段。IDN 字段至少一个 A-label 编码或 U-label 编码，其他部分可能是 NR-LDH、A-label 编码或 U-label 编码的任意混合。正如 ASCII 字符一样，一些 DNS 区域管理员在 DNS 或 IDNA 规范外实施了额外限制，对其管理的注册域名做了一些限制。由于字符的多样性，有些字符在 U-label 编码中可能导致混淆或一些特殊问题，域名注册管理者往往对 IDN 注册进行强制限制。这些强制限制（俗称注册表限制）只会影响什么域名可以注册，对 DNS 协议消息的语法或语义并没有影响。

一些标准化的 DNS 字符，如用于服务位置（SRV）记录（见 RFC 2782）中的下画线，不属于任何类别，因此该字段不是 IDN 字段。

（4）字符等效。在 IDNA 中，如果 A-label 编码在不区分大小写时进行比较是等效的，则不管如何表示它们，这时字符都被视为等效。由于 A-label 编码和 U-label 编码在 IDNA2008 中是同构的，因此 A-label 编码可以直接与 U-label 编码比较。传统的 LDH 字段已经有等效的概念，在字符列表中，大写和小写被视为等效。等效的 IDNA 概念是该旧概念的延伸，但目前没有指定任何强制性的映射，只考虑了那些同构的形式，唯一的等效项为：

① 一对 U-label 编码之间的精确匹配。

② 使用 DNS 不区分大小写匹配规则时，一对 A-label 编码之间的匹配。

③ U-label 编码和一个由 U-label 编码转换的 A-label 编码之间等效，可使用 DNS 不区分大小写匹配规则来测试它们之间的匹配。

（5）ACE 前缀。ACE 前缀（"xn--"）是一个特殊的 ASCII 字符串，"xn--"出现在每个 A-label 编码的开头。

（6）域名插槽。域名插槽是一个协议元素、函数参数或者携带一个域名的指定返回值。域名插槽的典型例子包括：DNS 的查询值 QNAME；C 库函数 gethostbyname()或 getaddrinfo()的参数；电子邮件地址在参数中的跟随符号（如"@"），SMTP 协议中的 RCPT 命令或电子邮件的消息标题"From:"；HTML "<IMG>" 标记的"src"属性中 URI 的主机部分。一个字符串中的域名一般出现在文本中，但不出现在域名插槽中。例如，在一个纯文本电子邮件消息正文中出现的域名不是域名插槽。域名插槽可能是静态的（如协议或接口的规范）或动态的（如交互式会话中的协商）。

国际化域名插槽是 IDNA 的域名插槽，非 IDNA 的域名插槽及其规范早于 IDNA 的域名插槽，因此一些协议要求使用 DNS 的数据存储。例如，服务定位协议（见 RFC 2782）中的下画线无法使用 A-label 编码，与服务定位协议相关的字段必须以下画线开头。

4.2.3.3 域名字段中的字符顺序

在 IDN 域名字段中可能包含从右到左的字符，关于哪个字符在域名字段中是"第一个"有多义性。对 IDNA 标准，应考虑域名字段和编号的字符，严格按照网络顺序。这一顺序既可等同于最左侧的字符为域名字段的第一个字符，从左向右读；也可等同于最右侧的字符为域名字段的第一个字符，从右向左读。

4.2.3.4 Punycode 编码

对于 Punycode 编码的字符串是否包含 ACE 前缀，以及是否需要这种字符串作为"ToASCII"操作的输出（见 RFC 3490 第 4 部分），目前未确定，因此，IDNA 不鼓励用 Punycode 编码来规定任何东西，除了用于编码方法和 RFC 3492 的转码算法。

4.2.4 IDNA 中的安全考虑

互联网的安全在某种程度上依赖于 DNS，因此，DNS 字符的变化可能会影响互联网的安全。用户使用域名来连接互联网服务器和其他网络资源，如果用户基于不同的 IDN 解释，则输入国际化域名时可能会连接到不同的服务器，这将危及互联网的安全。

4.2.4.1 U-label 编码长度

按照 RFC 1035 协议的规定，域名字段的长度限制在 63 个字节内，但在实际使用的域名字段中，通常用 1 个字节（8 比特）中的低 6 比特来表示字符或者字符串的长度，这种格式一般称为 6 比特字符串长度，该格式也可用于其他应用程序。在存储域名时，为了节省存储空间，通常不存储域名字段的句点分割符，而是直接存储域名字段的长度。例如，A-label 编码（在 DNS 中实际使用的格式）可能要比 UTF8 进行更大程度的压缩，UTF8 通常要比 UTF16 或 UTF32 进行更大程度的压缩，采用 U-label 编码的域名字段要服从对称性约束，采用因此 U-label 编码的域名字段会有点长，可能达规定的 252 个字符（Unicode 码位），完整的域名可能明显超过 255 个字节的限制，应用程序的开发者和使用者在使用 U-label 编码时必须注意此种情况，避免看上去较短的字符串，但是在实际存储时占用的空间较大，造成缓冲溢出、域名字段截断错误和冲突等问题。

4.2.4.2 本地字符设置问题

当系统使用本地字符，而不是 ASCII 字符和 Unicode 字符时，将会产生本地字符和 Unicode 字符之间或本地字符之间的转换问题。如果不同的应用程序（或不同版本的应用程序）执行不同转换规则，就可能以不同的方式解释相同的域名，从而连接到不同的服务器。安全协议，如传输层安全性（TLS，见 RFC 5246），并没有考虑使用本地字符的情况。

4.2.4.3 视觉上类似的字符

为了防止出现视觉上类似字符造成的混淆，当一个域名字段包含多个语言的字符，特别是这些字符有很容易混淆的字符时，建议应用程序开发者提供专门的视觉警示。例如，希腊文字母中混合了拉丁文字母，简体中文和繁体中文混用，0 和大写字母 O，1 和小写字母 l。DNS 管理员应尽量避免视觉上类似的字符同时出现在域名字段中。

如果多个字符出现在域名字段中，且域名字段仅包含一种语言的字符，则单个字符可能会混淆，但多个字符放在一起则不易混淆。另一方面，如果域名字段包含多种语言的字符（通常称为混合语言域名字段）时，则混淆的风险会更大。当上下文联系紧密、可感知时，用户看到的往往是他们所期望的，而事实上可能正相反。禁止混合语言域名字段并不会消除问题，特别是涉及密切相关的语言时。例如，在希腊文或西里尔文的书写体中有许多的字符，相互之间或它们与拉丁文字符就易于混淆。

目前没有全面的技术解决方案可以解决视觉上类似的字符混淆问题，很多解决方案可以减少混淆的程度，但不能消除混淆。

4.2.4.4 IDN 的查询、注册过程和基础 DNS 规范

RFC 5891 规定了 IDN 的注册和查询过程，由于该过程包含了非 ASCII 字符，因此

与基础 DNS 规范中规定的首选语法是不兼容的。IDN 的查询、注册过程取决于与 ASCII 兼容的编码形式，较早的规范使用的是 Punycode 编码（见 RFC 3492）。Punycode 编码没有类似字符串长度增加的安全问题，也没有在编码过程中引入新的允许值。在进行域名（或其中的部分，如某个域名字段）比较时，如出现匹配，则会进行特殊处理。在这种情况下，如何比较显得尤其重要。对于 ASCII 字符，通常会转化成不区分大小写的 ASCII 字符来进行比较。IDNA 仅用于查询 A-label 编码和 NR-LDH 字段，以避免查询非 A-label 编码的 R-LDH 字段。

IDNA 通常将以 ACE 编码前缀开头的域名字段转换为 A-label 编码域名字段，除非这类域名字段在一个相关测试中失败。虽然采用 RFC 3492 标准中的转码算法在实际转换中并不会造成问题，但在理论上仍存在风险。

4.2.4.5 旧式的 IDN 域名字段

URI 标准（见 RFC 3986），以及一系列应用协议规范，如 SMTP（见 RFC 5321）和 HTTP（见 RFC 2616）不允许在域名字段中使用非 ASCII 字符。在这些标准或协议中，仅允许使用 A-label 编码的国际化域名（IDN），即使只使用 A-label 编码的国际化域名，IDNA2003 和 IDNA2008 在解释字符时也会产生差异。例如，零宽连接（ZWJ）字符和零宽非连接（ZWNJ）字符，在 IDNA2003 中是没有任何意义的，但在 IDNA2008 是有意义的。

目前，互联网上有大量的域名字段是以本地字符的形式出现的，这些域名字段使用的本地字符集可以通过 IDNA2003 来产生有效的 A-label 编码域名字段。这种域名字段的处理不仅会由于应用类型的不同而不同，也取决于应用程序设计者的理念。例如，在某些情况下会向用户发出警告或直接驳回域名申请。如果查询域名失败，则可以尝试 IDNA2003。域名注册管理机构对 IDNA2003 和 IDNA2008 有不同的理解和解释，这些不同之处既可以用于域名匹配，也可能会导致域名混淆攻击。

4.2.4.6 IDNA 的安全差异

在 IDNA2008 中，域名查询和注册改变了原来的机制，以确定域名的有效性，在某些方面，测试能力得到了加强。例如，假定域名中包含了未赋值的码位，则会被 IDNA2008 拒绝，而 IDNA2003 允许这些未赋值的码位。此外，IDNA2008 不再假定应用程序能够确定域名注册中所用协议版本的信息。理论上讲，这可能会增加风险，因为应用程序将减少预查询的验证。

在 IDNA2003 中，对 Stringprep（见 RFC 3454）的变更，或更广泛地说，对国际化域名使用的 IETF 的标准的变更，会产生一定的风险，例如可能使部署的应用或者数据库无效，IETF 暂时不能变更 Stringprep，因此 IDNA2008 不依赖 Stringprep。与域名或标识符有关的机制很难避免安全威胁和攻击，这在很大程度上与域名或标识系统本身无关，这些攻击包括网页欺骗、DNS 查询陷阱等。

4.3 IDNA 协议

4.3.1 IDNA 的要求和应用

4.3.1.1 IDNA 的要求

IDNA 具有以下要求：

（1）不管一个域名何时放入非 IDNA 的域名插槽，该域名只能包含 ASCII 字符（即其域名字段必须是 A-label 编码或 NR-LDH 字段），除非 DNS 应用程序不是针对服务器名称的。

（2）域名字段必须使用等效形式进行比较，即进行比较的域名字段必须是 A-label 编码或 U-label 编码，由于 A-label 编码和 U-label 编码可以不丢失信息地互相转化，因此这些比较是等效的。不过，在进行 U-label 编码的比较时要先验证域名字段是合法的 U-label 编码而并不只是 Unicode 字符）。A-label 编码是作为不区分大小写的 ASCII 字符来进行比较的。在进行 U-label 编码比较时，需要在没有大小写折叠（Case Folding）或其他中间步骤情况下进行比较，虽然不需要先进行域名字段验证再进行比较，但即使比较成功也不能说明 U-label 编码的验证是有效的。在许多情况下，采用 U-label 编码的域名字段不能仅进行比较，U-label 编码的验证也是很重要的，而且应该进行验证。

（3）域名字段的注册必须符合 4.3.2 节的要求，域名字段的查询必须符合 4.3.3 节的要求。

4.3.1.2 IDNA 的应用

除了一些特殊的规定，IDNA 适用于协议中所有的域名插槽，但不适用于不使用 LDH 字段规则的域名插槽（见 RFC 5890）。

很多协议都使用互联网域名系统（DNS），这些协议中的域名必须采用 A-label 编码，除非这些协议明确采用 U-label 编码的域名。在实际中，在进行域名的查询或响应时，域名必须采用 A-label 编码。IDNA 可以使用 U-label 编码和/或 A-label 编码的域名，IDNA 在 RFC 2671 中被定义为扩展 DNS 类型。

（1）DNS 资源记录。IDNA 仅适用于 DNS 资源记录中 NAME 区域和 RDATA 区域，其分类为 IN（这些术语的确切定义详见 RFC 1035）。IDNA 在 DNS 资源记录的应用完全取决于资源记录的分类。

（2）DNS 中存储的非域名数据类型。尽管 IDNA 允许在域名中使用非 ASCII 字符，但并不表示可以在 DNS 的域名中存储非 ASCII 字符，特别是在 RDATA 区域。例如，一个电子邮件地址的本地部分通常存储数据库中的 RNAME 字段中，作为一个 SOA（marks the Start Of a zone of Authority，区域权威服务器的起始标志）记录的 RDATA，如将 hostmaster@example.com 表示 hostmaster.example.com。IDNA 没有更新现有的电子邮件标准，因此电子邮件地址的本地部分只允许使用 ASCII 字符。

4.3.2 IDN 的注册

本节主要介绍 IDN 的注册。IDN 的注册模式在实现上是独立的，不管采用什么步骤来实现，只要注册的域名相同，均可视为有效实现。

注意：虽然域名的注册和查询过程在很多方面是非常相似的，但这两个过程并不相同。

4.3.2.1 IDNA 的注册输入

在 IDN 的注册过程中，尤其当由实体（通常称为域名注册商）进行的处理过程超出 IDNA 的范围时，在实际注册请求到达 DNS 区管理者（通常称为登记处）之前会进行注册输入处理，这种注册输入处理会因各地需求的不同而不同。在进行 IDN 注册时，域名中的字符必须是 Unicode 字符和规范化字符（NFC，见 Unicode-UAX15），域名注册管理机构仅接受符合注册要求的域名，无须进行任何映射或调整。以下三种域名可以被接受，即：

（1）采用 A-label 编码和 U-label 编码的域名。

（2）采用 A-label 编码的域名。

（3）采用 U-label 编码的域名。

IDNA 推荐使用前两种，因为使用 A-label 编码可以避免歧义。相比第二种，建议优先选择第一种，这种形式允许用户进行有目的的验证。

4.3.2.2 IDN 注册中允许的字符和域名字段的验证

（1）域名的输入格式。由于在域名中采用 U-label 编码和/或 A-label 编码都是有效的，因此域名注册管理机构必须确保采用 A-label 编码的域名是小写的，再转换成 U-label 编码，最后验证采用 A-label 编码的域名与输入的域名是否匹配。此外，输入采用 U-label 编码的域名和 A-label 编码转换后的域名必须完全匹配，如果不匹配，则必须拒绝该域名的注册。

如果域名采用的是 A-label 编码，则不需要转换成 U-label 编码，但域名注册管理机构仍必须验证采用 A-label 编码的域名是否违反 Punycode 编码规则（见 RFC 3492）。例如，禁止尾随连字符、负号等 ASCII 字符的要求；又如，以"xn--"开头的字符串并不是有效的 A-label 编码的域名，不能作为支持 IDNA 的 DNS。如果只提供采用 A-label 编码的域名，而不转换为 U-label 编码，则域名注册管理机构有可能只进行形式检查，注册程序通常会绕过剩余的测试。

（2）域名中不允许的字符。域名（Unicode 格式的字符串）禁止包含 RFC 5892 中的"不允许"字符（Disallowed）和"未分配"（Unassigned）字符。

（3）域名字段验证。建议域名字段（Unicode 格式的字符串，即从表面上看是 U-label 编码的字符串）进行多于一个字符以上的测试，字符的顺序为网络顺序，该顺序可能与显示顺序不同。

① 连字符的限制：在 Unicode 格式的字符串中，在第 3 个和第 4 个字符之间禁止包含"--"（两个连续的连字符），并禁止将"-"（连字符）放在字符串的开始或结束的位置。

② 主要组合标识：Unicode 格式的字符串禁止以结合标记或组合字符开头（见 Unicode 标准的定义）。

③ 上下文规则：Unicode 格式的字符串禁止包含任何其有效性与上下文相关的字符，除非通过上下文规则证实了该字符的有效性，因此要进行有效性检查。在 RFC 5892 中确定为"环境 J"或"环境 O"的每个码位，必须有一个非空规则。如果这些码位缺少规则，则字符无效；如果存在规则，但该规则的结果是负的或无结果，则认为该域名字段是无效的。

④ 域名字段中包含从右到左的字符：如果域名字段中包含从右到左的字符，则该域名字段必须满足 Bidi 规则（见 RFC 5893）。

（4）域名注册有效性的要求。如果域名字段小于 63 个字节，至少包含一个非 ASCII 字符，域名通过所有的测试，并且域名中的字符与 ASCII 码兼容，则称这个域名字段是 U-label 格式的。

4.3.2.3 IDN 注册的限制

除了上述的规则和测试，域名注册管理机构拒绝一个域名字段的原因还有很多。对于所有级别的 DNS，DNS 区管理者（登记处）通常制定了域名注册的政策，这些政策可能依赖当地语言和文字，也可能取决于其他因素（如域名字段中的字符是什么）。例如，某个域名字段可能会因为其他已注册的域名字段而被拒绝。关于域名注册政策的进一步讨论和建议请参考 RFC 5894 协议的 3.2 节，按照该协议的 4.2 节输入的域名将按照当地域名注册政策进行适当的检查和处理。这些域名注册政策可能会导致一些申请注册的域名字段被拒绝,或限制这些申请注册的域名字段应用到其他的域名上。

4.3.2.4 Punycode 编码转换

A-label 格式的域名字段是根据 Punycode 编码(见 RFC 3492)在 U-label 格式的域名字段中增加 ACE 前缀"xn--"而产生的字符串。当然,所产生的字符串必须符合 DNS 的域名字段长度限制。IDNA2008 没有改变 RFC 3492 中的 Punycode 编码算法,在 RFC 3490 或 Nameprep(见 RFC 3491)中,ACE 前缀的作用和实施在 RFC 3492 中是非规范性的参考标准。为了保持一致性,IDNA2008 进行了有效的更新,但这种更新不会改变 ACE 前缀,在 IDNA2003 版本和 2008 版本中的 ACE 前缀是相同的。

4.3.2.5 DNS 中的插入域名字段

域名字段是以 A-label 格式放入 DNS 中的。

4.3.3 IDN 的查询

域名的查询与注册是不同的,因此在客户端的测试也是不同的。尽管域名的查询和注册都需要进行一些有效性检查,但查询的有效性检查更宽松些,并假设目前 DNS 中的域名都是有效的。

4.3.3.1 域名字段的生成

用户可根据本地字符集生成域名字段,也可从标识符生成域名字段。例如,从统一资源标识符(URI,见 RFC 3986)或国际化资源标识符(IRI,见 RFC 3987)中生成域名字段。另外,还可以从文件读取域名字段,或以某种其他方式获取域名字段。域名字段的生成及其本地处理过程是在 IDNA 之前完成的。

4.3.3.2 域名字段转换成 Unicode 格式

如果一个域名字段不是 Unicode 格式的,则需要根据本地字符集将其转换成 Unicode 格式的字符串。根据本地语言环境的需要,这种转换可能会将一些字符转换成其他字符。字符转换在 RFC 5894 中有详细的讨论,转换结果必须是一个 Unicode 格式的字符串。

4.3.3.3 A-label 格式域名字段的输入

如果输入的是 A-label 格式的域名字段(即以"xn--"开头、不分大小写的字符串),则在域名查询过程中会将其转换为 U-label 格式的域名字段。需确保 A-label 格式的域名字段完全是小写字母。如果域名字段使用 Punycode 解码算法,则先将其转换为 Unicode

格式（即 U-label 格式的域名字段），然后对转换前后的域名字段进行比较，如果转换后的域名字段与原来的域名字段不相同，则拒绝该域名字段。

4.3.3.4 有效性和字符测试清单

在域名注册过程中，需要检查 Unicode 格式的字符串，以验证其中的字符在域名查询过程中都是有效的输入，域名的查询过程比域名注册过程的限制少，因此未进行完全验证的字符串也可能会被当成域名字段。在进行域名查询之前，必须拒绝具有以下特征的 U-label 格式的字符串：

（1）不是 NFC 的域名字段（见 Unicode-UAX15）。

（2）在第 3 个和第 4 个字符之间包含"--"（两个连续的连字符）。

（3）第 1 个字符是结合标记的符号。

（4）域名字段中包含禁止的码位，即 RFC 5892 中的"不允许"字符。

（5）域名字段中包含的码位是字表文件中确定的"环境 J"，即在进行域名查询时需要特殊的上下文规则。注意：这意味着规则必须是定义的，不能是无效的。

（6）域名字段中包含字表文件中定义的"环境 O"的码位，但字表文件中没有这种规则。

（7）域名字段中包含未赋值的码位。如果必须使用未赋值的码位，则可以与正在使用的 Unicode 字符进行匹配，不必知道使用的是哪个版本的 Unicode。

另外，还要验证字符串是否符合 Bidi 规则（见 RFC 5893）中从右到左字符的要求。在特殊情况下，可省略此处的验证。例如，当强制执行的条件会导致域名查询失败时。

域名查询必须依赖 DNS 中列出的或未列出的域名字段，来确定这些域名字段的有效性，以及它们包含字符的有效性。如果域名字段是注册过的，就假设该域名字段是有效的；如果域名字段没有注册，就不能假设该域名字段是有效的。域名查询可对可能存在问题的字符串发出警告信息。

4.3.3.5 Punycode 编码转换

对已经通过域名查询的域名进行 Punycode 编码，将其转换为 ACE 编码，即添加 ACE 前缀（"xn--"）。

4.3.3.6 域名解析

通过 Punycode 编码转换后可产生 A-label 格式的域名字段，和其他域名字段一起形成一个完全域名，然后使用 DNS 解析程序进行域名解析。

4.4 双向字符

4.4.1 双向（Bidi）字符的背景和历史

本节以域名中的双向字符碰到的问题以及IDNA2003关于Bidi标准的缺陷为基础，讨论Bidi规则。

当含有双向字符的域名字段满足Bidi规则要求，且满足某些其他条件时，可通过Unicode双向运算法则以最小混淆的形式来显示双向字符，但Bidi规则不适用于不含有从右到左字符的域名字段。

如果域名字段中包括RandALCat字符（即明确的双向字符），那么RandALCat字符必须是域名字段的第一字符，以及域名字段的最后一个字符。这种规定是为确保所显示域名字段具有明确的显示方向，但会使得某些使用语言（从右到左书写的语言）的域名字段无效，如迪维希语（Dhivehi）。

下面分别以迪维希语（Dhivehi）、依地语（Yiddish）、希伯莱语（Hebrew）为例进行说明。RFC 3454没有明确规定双向字符要满足的要求，因此不可能通过简单的缓和规则来继续满足IDNA2008的要求。IDNA2008使用了全新的规则，对IDNA2003的影响是有限的。

Unicode5.2定义了Unicode字符的Bidi属性，Bidi属性可通过Unicode的双向运算法则（Unicode-UAX9）来控制Unicode字符。以下是Unicode中的Bidi属性：

（1）L：从左到右强制转换LTR（Left-To-Right Override）字符串中大部分的字母。

（2）R：从右到左强制转换RTL（Right-To-Left Override）字符串中大部分的字母。

（3）AL：阿拉伯字母。

（4）EN：欧洲数字（European Number）0～9，扩展的阿拉伯-印度数字。

（5）ES：欧洲数字分隔符（European Number Separator），如"+""–"。

（6）ET：欧洲数字终止字符（European Number Terminator），如货币符号、"#"和"%"等。

（7）AN：阿拉伯数字（Arabic Number），包括阿拉伯-印度数字，但不是扩展的阿拉伯-印度数字。

（8）CS：普通数字分隔符，如"."","/"":"等。

（9）NSM：非空格字符，是综合性的字符。

（10）BN：边界中性，如控制字符（ZWNJ字符、ZWJ字符以及其他字符）。

（11）B：段落分隔符（Paragraph Separator）。

（12）S：小节分隔符（Segment Separator）。

（13）WS：空白字符，包括间隔字符。

（14）ON：其他中性字符，包括"@""&""（"")""•"等。

（15）LRE（U+202A）、RLE（U+202B）、LRM（U+200E）、RLM（U+200F）、PDF（U+202C）：直接控制字符，不会在域名字段中使用。

在 RFC 5893 中，当传输字符或者在文件中存储字符时，使用网络顺序来描述字符的顺序，如使用"第一""下一个""以前""开始""结束""之前""之后"来表示字符的顺序以及网络顺序；使用显示顺序来显示媒介中字符的顺序，如使用"左"和"右"来表示字符的顺序以及显示顺序。

在大多数情况下，会使用 Unicode 中的 Bidi 属性来表示字符的方向性。例如，"CSL"由一个 CS 类字符以及一个 L 类字符构成。在某些实例中，大写字符通常使用 R 类或 AL 类，小写通常使用 L 类，因此，"ABC.abc"由 3 个从右到左的字符，以及 3 个从左到右的字符构成，该字符串的方向性由上下文来确定。例如，在"ABC.abc"被显示为"CBA.abc"时，第一个字符串就是网络顺序，第二个字符串是显示顺序。

在 Unicode 的 Bidi 规则中（Unicode-UAX9），"段落"是指具有总的方向性的一套文本，可以是从左到右的，也可以是从右到左的。RTL 字符串中至少包含一个 R、AL 或 AN 类的字符，LTR 字符串是非 RTL 的字符串。

含有双向字符的域名字段是指至少包含一个 R 类字符的域名字段，包括只含有点，以及 R 类字符的域名字段。

4.4.2 Bidi 规则的条件

Bidi 规则由 6 个条件构成，适用于包含双向字符的域名字段，域名字段中的字符必须满足下面的 6 个条件。

（1）域名字段的第 1 个字符必须是 Bidi 属性中 L、R 或 AL 类字符；如果第 1 个字符是 L 类，则该域名字段是 LTR 类的。

（2）在 RTL 字符串中，只允许使用 Bidi 属性为 R、AL、AN、EN、ES、CS、ET、ON、BN 或 NSM 的字符。

（3）在 RTL 字符串中，域名（即字符串）末端必须是 Bidi 属性为 R、AL、EN 或者 AN 的字符，并且带有 0 个或者多个 Bidi 属性为 NSM 的字符。

（4）在 RTL 字符串中，如果存在 EN，则存在 AN；反之亦然。

（5）在 LTR 字符串中，只有 Bidi 属性为 L、EN、ES、CS、ET、ON、BN 或 NSM 的字符才能得到许可。

（6）在 LTR 字符串中，域名末端必须是 Bidi 属性为 L 或者 EN 的字符，并且带有 1

个或者多个 Bidi 属性为 NSM 的字符。

4.4.3 Bidi 规则的要求

RFC 5893 对 Bidi 规则进行了明确的解释，并给出了一套要求，从而可以测试域名字段是否满足 Bidi 规则的要求。RFC 5893 假设所有含有双向字符的域名字段都使用 Unicode 双向运算法则（Unicode-UAX9）来显示。

Bidi 规则的具体要求如下：

（1）域名唯一性。无论从左到右的方向，还是从右到左的方向，都是同一个域名，当两个域名具有相同的显示顺序时，就一定有相同的网络顺序（这是在 RFC 3454 中明确的要求）。注意：当一个域名在 RTL 方向和 LTR 方向上的显示顺序相同时，仍满足域名唯一性要求。

（2）字符分组。当使用 Unicode 双向运算法则来重新显示一个域名时，无论将该域名嵌入 LTR 方向的段落还是 RTL 方向的段落，该域名中的字符都应该保持原来的分组。

RFC 5893 曾经考虑过以下几种要求，但由于这几种要求可能无法在 Unicode 双向运算法则中实现，因此最终拒绝了这几个要求。

（1）一个域名字段不应当受到其嵌入环境的影响。对于 ASCII 格式的域名字段来说，这一要求已经被证明是不可能的，例如，"123-A" 在 RTL 方向的段落中和在 LTR 方向的段落中有不同的显示顺序。

（2）域名的显示顺序应当和网络顺序一致。这一要求也被证明是不可能的。例如，由 L1.R2.R3.L4（网络顺序）构成的一个域名会在 LTR 方向的段落中显示为 L1.R3.R2.L4，而在 RTL 方向的段落中显示为 L4.R3.R2.L1。

（3）即使在区别方向性时，没有两个域名会被显示为同样的域名。这一要求也被证明是不正确的，因为域名 ABC.abc（网络顺序）要在 LTR 方向的段落中显示为 CBA.abc，在 RTL 方向的段落中显示为 abc.CBA；域名（网络顺序）abc.ABC 在 LTR 方向的段落中显示为 abc.CBA，在 RTL 方向的段落中显示为 CBA.abc。

4.5 与 RFC 3454 有关的问题

4.5.1 迪维希语

迪维希语为马尔代夫的官方语言，使用塔纳字母来书写，这种字母具有阿拉伯语字体的某些特征，包括其方向属性以及通过辅音基础字符的变音符实现元音发音。这种变音符是必需的,两个连续元音和音节的最终协调都需要使用组合音符,因此,迪维希语的每个词最终都以组合音符结束。

"计算机"这个词使用罗马字书写为"konpeetaru",可以用以下的 Unicode 码位表示:

```
U+0786THAANALETTERKAAFU(AL)
U+07AETHAANAOBOFILI(NSM)
U+0782THAANALETTERNOONU(AL)
U+07B0THAANASUKUN(NSM)
U+0795THAANALETTERPAVIYANI(AL)
U+07A9THAANALETTEREEBEEFILI(AL)
U+0793THAANALETTERTAVIYANI(AL)
U+07A6THAANAABAFILI(NSM)
U+0783THAANALETTERRAA(AL)
U+07AATHAANAUBUFILI(NSM)
```

在 Unicode 字符集中,U+07AA 表示 NSM(非空格符号),它不是 R 类或 AL 类的字符,因此 IDNA2003 会认为它不是 RandALCat 字符,并拒绝该字符。

4.5.2 依地语

依地语是一种以希伯莱语的字母来书写的语言,希伯莱语的字母基本上是一种辅音字母,但依地语是使用全元音扩展书写的,可以以几种方法表示元音,其中一种方法是重新利用希伯莱语的辅音字母,其他字母可以同时作为元音和辅音,使用组合字符(称为点符号)用来区分这些字母,从而使某些基础字母可以表示多种元音,也可以通过组合字符消除歧义。20 世纪 30 年代,YIVO 犹太研究院开发了依地语的标准化拼写规则——SYO。

依地语完全支持 IDNA,在 SYO 中的所有字符都同时以标记和非标记的形式出现,只有希伯莱语字母"פ"(U+05E4)除外。SYO 允许希伯莱语字母"פ"带有希伯莱语字母"·"(U+05BC),依地语将该组合字符等同于拉丁字母"P",或者允许希伯莱语字母"פ"带有希伯莱语的点"־"(U+05BF),依地语将该组合字符等同于拉丁字母"f"。由于在 RTL 类的域名的末端禁止使用组合字符,这给使用 SYO 带来了局限。

在 YIVO 缩写词的表中,缩写词使用希伯莱语字母"יי..װ אָ"(YODYODHIRIQVAVVAVALEFQAMATS)来书写,其中 HIRIQ 和 QAMATS 是组合字符,Unicode 码位为:

```
U+05D9HEBREWLETTERYOD(R)
U+05B4HEBREWPOINTHIRIQ(NSM)
U+05D5HEBREWLETTERVAV(R)
U+05D0HEBREWLETTERALEF(R)
U+05B8HEBREWPOINTQAMATS(NSM)
```

在 Unicode 中，希伯莱语字母的 QAMATS "ָ"（U+05B8）方向性类别是 NSM，这会使 IDNA2003 拒绝相应的域名。需要注意的是，在 Unicode 的单独位置存在上述的组合字符时，IDNA2003 的字符串预处理程序会拒绝这些码位。

4.5.3 带有数字的域名

通过要求域名字段的第一个或者最后一个字符的 Bidi 属性是 R 类或者 AL 类，Stringprep 规范标准（见 RFC 3454）禁止域名以从右到左的数字结尾。

例如，字符串"ALEF5"（希伯莱语字母 ALEF "א"+阿拉伯数字"5"），在 LTR 方向的段落中会从左到右显示为"5ALEF"（5 是从右到左考虑的，因为最主要的是 ALEF）；又如，字符串"5ALEF"在 LTR 方向的段落中会显示为"5ALEF"（5 是从 LTR 方向的段落考虑的）。显然，应当只允许"ALEF5""5ALEF"其中的一个作为注册的域名字段，但没有必要同时禁止这两个字符串。

4.5.4 问题的解决建议

即使域名满足上述的规则，但在实际的显示时也可能会出现异常情况。例如，某个域名在未以 Bidi 属性为 EN 的字符开始之前，就以 Bidi 属性为 AL、AN 或 R 的字符结束，在这种情况下，数字就会被移动到包含从右到左字符的域名中，这会违反字符分组的要求。

如果在从右到左字符之后出现的域名满足 Bidi 规则，那么在所有的情况下就都会满足上述的要求。这也是为什么要在某些情况下讨论含有 Bidi 属性为 L 类字符的域名。但是，IDNABIS 工作组考虑到以下几种原因，并没有做出这样的要求。

（1）目前已经部署了大量的以数字开头的 ASCII 格式的域名，不可能将这些域名看成是无效的。

（2）通常，域名是分开建立的，通过字符串和搜索列表组合起来构成域名。这种情况可能出现在 IDNA 处理之后，因此在不支持 IDNA 的代码部分，是不可能发现不需要的组合字符的。

（3）即使在一个"有效的"的域名中，也可能存在通过"DNAMEDNS"记录指向"无效的"域名，因此，表面上看起来"有效的"域名不会满足上述要求。

（4）通配符会导致一种奇怪的现象，即：一种"有效的"的域名（可以成功通过域名查询），但 DNS 区管理者并不知晓该域名。因此，对于以数字开头并包含通配符的域名，DNS 区管理者不能确保在 DNS 区域内找到包含 Bidi 属性为 RTL 字符的域名。

4.5.5 解决问题过程中的其他事宜

RFC 5893 只涉及所需要的规则，在处理含有不同 Bidi 属性字符的域名时，这些规则只考虑和 Bidi 属性相关的字符。在从右到左书写的域名中，还需要考虑其他问题，例如，将数字分开的问题，尤其是在多种语言中，混合使用拉丁文数字以及其他语言的数字的情况是比较常见的。在使用阿拉伯语时，存在两套阿拉伯-印度数字的情况。RFC 5893 中的运算法则不接受 Bidi 属性为 AN 的字符，如阿拉伯-印度数字（从 U+0660 到 U+0669），以及 Bidi 属性为 EN 的字符，如欧洲数字（从 U+0030 到 U+0039）和扩展的阿拉伯-印度数字（从 U+06F0 到 U+06F9），但 RFC 5893 无法避免孟加拉语的数字（从 U+09E6 到 U+09EF）和古吉拉特语的数字（从 U+0AE6 到 U+0AEF）的组合，这两种语言都具有 Bidi 属性为 L 的字符。

另一个问题涉及显示 LTR 和 RTL 方向的域名或者只有 RTL 方向的域名，RFC 5893 通过在域名字段之间嵌入格式码的方式来显示域名，但这是不切合实际的，因此显示顺序要由 Bidi 规则来确定。

4.5.6 兼容性考虑

4.5.6.1 基于向下兼容性的考虑

现有标准的更新对域名的影响是很大的，主要问题如下：

（1）当旧的应用程序输入包含最新许可字符的域名时，如果旧的应用程序根据 RFC 3454 进行检查，那么可能会拒绝这些包含最新许可字符的域名。

（2）如果要求旧的应用程序显示包含最新许可字符的域名，并且根据 RFC 3454 在显示之前进行检查，那么旧的应用程序可能会执行某些退却操作，很有可能显示 A-label 格式的域名。

（3）当使用旧的应用程序尝试显示包含最新许可字符的域名时，如果旧的应用程序显示域名最后字符的代码不同于显示域名中间字符的代码，则这种显示可能会造成混淆。例如，通过旧的应用程序检查一个域名的最后字符（网络顺序），以便于确定域名的方向性，如果检查的不是域名的第一个字符，当第一个字符是 Bidi 属性为 NSM 的字符时，尝试显示该域名；当该域名是一个从左到右的字符串时，则显示结果可能会和实际不同。

4.5.6.2 基于向前兼容性的考虑

向前兼容性只涉及 Unicode 的 Bidi 属性问题，Bidi 属性主要取决于 Unicode 的 Bidi 运算法则。域名的有效性主要取决于 Unicode 的 Bidi 属性，Unicode 的后期版本可能会变更某些 Unicode 字符的 Bidi 属性。

第 5 章
IDNA 的表情符号

5.1 表情符号的安全风险

国际化域名的当前标准是 IDNA2008，该标准禁止在域名中使用表情符号（见 RFC 5892），严格遵循该标准的应用程序不会支持表情符号，但其他应用程序在处理表情符号时可能会遵循其他标准。如果在域名中使用了表情符号，则会产生严重的安全风险。表情符号在域名中造成的模棱两可、混淆易错的现象，会导致系统拒绝服务或错误连接，用户也因此会面临网络钓鱼和其他社会工程学攻击等安全风险。

5.2 ICANN SSAC 关于表情符号的建议

2017 年 5 月 25 日，ICANN 安全与稳定咨询委员会（SSAC）发布了 SAC095 报告，该报告给出了在域名中使用表情符号的建议。

关于在域名中使用表情符号的建议如图 5-1 所示。

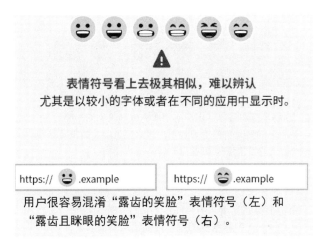

图 5-1 关于在域名中使用表情符号的建议

> ⚠️
> **组合表情符号不可靠**
> 有些表情符号可以通过连接字符组合
> 在一起，以显示为一个单独的符号，但是：
>
> - 不支持组合字符的系统会将这些组合在一起的表情符号呈现为一系列相互独立的表情符号。
> - 单个且未经修改的表情符号可能会被用户视为多个组合在一起的表情符号，然而实际情况并非如此。
>
> 单个： 👨‍👩‍👦   组合： +
> 统一域名编码：1F46A   统一域名编码：1F468 200D 1F469 200D 1F466
>
> 两种情况均显示为：

> ⚠️
> **表情符号在不同平台上的显示结果不一致**
> 因为目前没有任何标准来指定表情符号的显示方式。
>
> "晕眩的脸"表情符号（统一域名编码为1F635）
> 的显示方式如下所示：
>
> Apple   https://😵.example
> Google https://😵.example
> Windows https://😵.example

> ⚠️
> **表情符号肤色变化不清晰**
> 一些表情符号允许用户使用肤色修饰符中的一种。
> 然而，这些修饰符会导致用户难以区分相关的表情符号，
> 用户必须在得到解释后方能辨认。
>
> https://🕵.example   https://🕵.example
>
> 用户很容易混淆"中浅肤色的侦探"表情符号（左）和
> "中等肤色的侦探"表情符号（右）。

图 5-1　关于在域名中使用表情符号的建议（续）

5.3 ICANN 董事会的决议及理由

5.3.1 决议

鉴于 SSAC 发布的报告，现行技术标准禁止在国际化域名（IDN）中使用表情符号，这是因为许多表情符号都存在视觉上的相似性，难以区分。表情符号的构成和变化不仅会加剧区分的难度，还会加剧域名面临的普遍适用性挑战。SSAC 发布的报告建议，TLD（Top Level Domain，顶级域名）中不应包含表情符号，并强烈反对注册任何包含表情符号的域名。鉴于通过减少混淆来提高 IDN 的安全性是 ICANN 和全球互联网社群的一项重要议题，ICANN 在 2017 年底的董事会上做出以下决议（第 2017.11.02.09—2017.11.02.12 号决议）：

ICANN 董事会特别规定，IDNA2008 及其后续标准的合规性仍将作为确定有效 TLD 的必要条件。董事会要求 ccNSO（country-code Names Supporting Organization，国家和地区名称支持组织）和 GNSO（Generic Names Supporting Organization，通用名称支持组织）与 SSAC 接洽，以便更充分地了解使用包含表情符号域名存在的风险与后果，并向各自的社群传达这些风险。ICANN 董事会不仅要求 ccNSO 和 GNSO 将 IDNA2008 及其后续标准的合规性纳入各自的相关政策，以保障域名的安全、稳定、弹性与互用性，还要求 ICANN CEO 或其指定人员与 gTLD（generic Top Level Domain，通用顶级域名）和 ccTLD（country-code Top Level Domain，国家与地区顶级域名）社群就 SAC095 报告的建议展开合作。

5.3.2 理由

ICANN 董事会做出第 2017.11.02.09—2017.11.02.12 号决议的理由是：

一些社群有意在域名中使用表情符号，一些 ccTLD 允许注册包含表情符号的二级域名，而一些注册服务机构则接受在其他 TLD 中注册的包含表情符号的各级域名。SSAC 对在域名中使用表情符号的情况进行了分析，并基于分析结果发布了 SAC095 报告，在报告中给出了自己的建议。SSAC 建议在 TLD 中禁止使用表情符号，并反对在域名中使用表情符号。此外，SSAC 还劝告使用包含表情符号域名的注册人，此类域名可能无法稳定运营，或者可能无法普遍访问。

ICANN 董事会在拟定此项决议之前，通过 IDNA2008（见 RFC 5890 到 RFC 5893）了解了相关的背景信息。由于 IDNA2008 禁止使用表情符号，因此在 SAC095 报告中指出，尽管人们在交流时可以不考虑表情符号带来的混淆，但这些表情符号不适合用于

DNS。在域名中使用表情符号会带来安全问题与风险，并降低 IDN 的普遍适用性和人们对非 ASCII 标签的接受性。

IDNA2008 是定义有效域名的标准，表情符号是被 IDNA2008 禁止使用的，而且表情符号的设计不具有视觉统一性，或者在视觉上无法区分，会产生混淆，从视觉上来看表情符号的码位几乎相同或过于相似。

此外，由于表情符号呈现形式的不一致，用户可能会遇到访问性问题。另外，表情符号的变化和构成允许更大的潜在集合，包含更多的变化，会进一步造成理解上的模糊性，会加剧在域名中使用表情符号带来的混淆程度。例如，用户可能很难清楚区如图 5-2 所示的表情符号。

图 5-2　易混淆的表情符号示例

第6章
中文域名解析机制

6.1 中文域名应用

LDH 字段仅使用字母、数字和连接符，而中文域名（CDN）允许使用更大的字符集。中文域名应用（Chinese Domain Names in Applications，CDNA）采用向下兼容的方法，用于解决在域名中使用中文字符集的问题。

IDNA（Internationalized Domain Names in Applications，国际化域名应用）规定了两种操作来推动中文域名应用：

（1）LDH 字段转换操作：也称 A-label 转换操作，应该在将 CDN 发送给仅支持 LDH 字段的设备（如解析器）之前进行，或者在将 CDN 写入仅支持 LDH 字段的文件（如 DNS 区文件）之前进行。

（2）Unicode 编码转换操作：也称 U-label 转换操作，通常在向用户显示域名时进行该转换操作，例如，将 DNS 区域中取出的域名显示给用户。

在上面两种转换操作中，LDH 字段转换操作可能会失败。如果对某个域名进行 LDH 字段转换操作失败，则该域名不应作为中文域名使用，还应当进行相应的错误处理。在进行上述两种转换操作之前，域名通常采用的是 Unicode 编码，如果域名采用的是其他编码，则应先转成 Unicode 编码（LDH 字段码位也属于 Unicode 码位）。

LDH 字段包括国际化域名应用所使用的 A-label 格式以及某些其他限制格式。为了便于区分，国际化域名技术标准为 LDH 字段创建了两个新子集，分别称为保留 LDH 字段（R-LDH 字段）和非保留 LDH 字段（NR-LDH 字段）。R-LDH 字段的第 3 个字符和第 4 个字符之间包含 "--"，同时也符合 LDH 字段的规则。

在国际化域名中只能使用 R-LDH 字段，具体规则详见 4.2.3 节。

6.2 中文域名的注册和显示

中文域名应用（CDNA）可以以 LDH 字段和非 LDH 字段的形式来接收与显示中文

域名，用户应可选择 LDH 字段或非 LDH 字段，默认选择是后者，因为 LDH 字段的中文域名是难理解的。IDN 的所有协议都可以处理 LDH 字段，这些协议同样可以处理中文域名的 LDH 字段。

中文域名的注册过程可以接受以下三种域名中的任意一种：

（1）采用 A-label 编码和 U-label 编码的域名；

（2）采用 A-label 编码的域名；

（3）采用 U-label 编码的域名。

如果采用 U-label 编码和 A-label 编码的域名都是有效的，则域名注册机构必须确保 A-label 编码是小写的，先执行 U-label 编码转换操作，再验证采用 A-label 编码的域名与输入的域名是否匹配。如果匹配测试失败，则必须拒绝该中文域名的注册。

如果采用只使用 A-label 编码的域名，则域名注册机构必须验证采用 A-label 编码的域名，即它不违反任何 Punycode 编码（见 RFC 3492）的规则，如禁止尾随连字符、所有的字符都是 ASCII 格式的字符等要求。

对于不能直接表示成 LDH 字段的中文域名，域名服务器应使用 LDH 字段转换操作来生成 LDH 字段。域名服务器处理的中文域名应当只包含 LDH 字段。如果不希望用户看见 LDH 字段的中文域名，则应当对所有不支持 CDNA 的应用程序进行升级。

6.3 中文域名的生成机制

中文域名要用到中文字符，中文字符存在着变体（也称异体）。例如，同一字符可能有多种表示方式，这样就可能导致某些中文字符（汉字）被认为是同一个中文字符，从而导致在计算机使用的字符集中，同一个中文字符可以通过几个不同的码位来识别（外形相同的中文字符，或者具有相同或相似语义的中文字符被分配了不同码位，有可能使用户产生混淆）。中文域名标准也会影响一些互联网协议及其应用，从而增加技术管理与服务的复杂性，因此在注册中文域名时应提高警惕，防止混淆与欺诈行为的发生。

在特定的 DNS 区域中成功注册一个中文域名字段（CDL）后，DNS 区域会创建一个 CDL 包。CDL 包的内容包括：

（1）注册的 CDL；

（2）与 CDL 绑定的中文语言；

（3）绑定的中文变体对照表版本；

（4）保留的 CDL；

（5）加入 DNS 区文件中被激活的 CDL。

在传统的域名管理中，每一个域名字段都应独立于该 DNS 区域中的其他域名字段，域名字段的注册、删除和转移都应当与其他域名字段无关。根据 CDNA 的规定，CDL 包应被视为一个独立的原子单元，同一个 CDL 包内的所有 CDL 应属于一个单独的域名持有者，每一个 CDL 都应和 CDL 包中被激活的或被保留的 CDL 绑定在一起进行操作，同时删除或者同时转移。在特定 DNS 区域中，一个 CDL 包被删除后应可被再次注册，一个 CDL 包的删除不应改变该 DNS 区域中其他的 CDL 包。

6.4 国际化域名注册方法

6.4.1 RFC 3743 中的国际化域名注册机制

国际化域名协议允许多语种的字符出现在域名中，某些语种可能存在相似或相近的字符。例如，中文存在变体的问题，某些在字符集中分配不同码位的中文字符可能被认为是同一个中文字符，如发（U+53D1）、發（U+767C）、発（U+767A）、髪（U+9AEE）、髮（U+9AEA）。中文存在的变体可能被用来进行基于标识符的"钓鱼"。目前通过注册表的方法，可分别生成建议域名字段和保留域名字段，将所有相近或相似的字符授权给同一个注册用户使用。

现有的方法都需要生成所有的建议域名字段和保留域名字段，这些方法存在严重的弊端，生成的保留域名字段可能会过多，无法在有限的空间里存储这些保留域名字段。

在现行的国际化域名注册机制，尤其是中文域名注册机制中，中文域名注册管理机构根据 RFC 3743 的注册算法制定了中文域名变体字表。

制定中文域名变体字表的原则如下所述：

（1）第一栏中的所有字符是中文的有效字，称为原型字，用来检查用户注册域名的合理性。这一栏作为索引来检查出现在中文域名中的字符。

（2）第二栏是和第一栏字符（原型字）相对应的建议字，这些建议字用来生成建议域名字段，建议域名字段是可被解析的。通常，所有的建议域名字段在相关的 DNS 区文件中被激活，当进行域名查询时可得到正确解析。

（3）第三栏是与原型字对应的变体字，这些变体字用来生成保留域名字段。保留域名字段的注册、激活通常由域名持有人决定，但受 DNS 区域管理的本地策略制约。

每一栏中的每个条目都包括一个或多个字符，这些字符用 Unicode 编码表中的数字字符形式表示，数字字符后接可选的带圆括号的参考值。第一栏（原型字栏）中的每个条目只有一个中文字符，而其他栏的对应条目可能有多个中文字符。任何一行都应当用"#"开头的注释结束。

根据目前的注册政策，所有生成的保留域名字段都将被保留，所有生成的建议域名字段都将放在 DNS 区域中。由于跟原型字相对应的变体字往往有多个，设所注册的中文域名字段共有 n 个字符，如果每个原型字分别有 X_1，X_2，X_3，…，X_{n-1}，X_n 个变体字，根据排列组合原理，每个原型字对应有 $P(X,1)$ 种组合方法，那么根据 RFC 3743 的注册算法生成的组合总量为：

$$P(X_1,1) \times P(X_2,1) \times P(X_3,1) \times \cdots \times P(X_{n-1},1) \times P(X_n,1)$$

进一步假设，每个原型字有两个变体字，那么上述公式可简化为 $[P(2,1)]^n = 2^n$，即产生 2^n 个保留域名字段。当 $n \leq 7$ 时，保留域名字段组合的总量不大于 128，但当 $n > 30$ 时，将有大约 10^{12} 个保留域名字段。因此，当注册的中文域名超过 30 个字符时，仅仅注册一个中文域名，在极端情况下就需要产生大约 10^{12} 个保留域名字段，这至少需要 1000 GB 的存储空间。通常的域名注册服务器的存储空间都小于 500 GB，仅注册一个域名就需要 1000 GB 的存储空间，若需要注册 1000 个中文域名，则需要 10^6 GB 的存储空间，以目前有限的计算成本和技术还无法存储这样巨量的数据，因此需要改进 RFC 3743 的注册算法。

另外，RFC 3743 的注册算法会使相近或相似的字符出现在不同的栏中，不利于中文域名变体字表的更新。如果更新中文域名变体字表，那么需要提取中文域名变体字表中所有相关的字组，这容易导致错误。

6.4.2 一种新型的国际化域名注册方法

6.4.2.1 国际化域名注册方法的基本实现步骤

本节介绍一种新型的国际化域名注册方法，其基本实现步骤如下所述：

（1）选定某个语种，并选出与该语种关联的字符集。
（2）域名注册管理机构将字符集分成若干个相似字组。
（3）建立所选语种的国际化域名相似字对照表。
（4）执行注册算法。

① 用户输入待注册的国际化域名字段 $Y_1Y_2Y_3\cdots Y_j\cdots Y_{n-1}Y_n$，其中 Y_j 表示待注册的域名字段中第 j 个字符，n 表示待注册的域名字段长度，$j \leq n$。

② 从国际化域名相似字对照表中找出每个字符 Y_j 所对应的相似字子集 X_i。

③ 找出 X_i 对应的建议字，包括第 1 个建议字、第 2 个建议字、……、第 K 个建议字。

④ 根据建议字分别生成第 1 个建议域名字段、第 2 个建议域名字段、……、第 K 个建议域名字段。

⑤ 建立复合域名字段包，包括被注册的原型域名字段，与原型域名字段绑定的相关语种、相似字对照表的版本、复合域名字段，以及加入 DNS 区文件中被激活的域名字段。

⑥ 通过激活算法把复合域名字段中保留而未被加入 DNS 区文件中的域名字段加入 DNS 区文件中，开始提供服务；通过去活算法把复合域名字段中已加入 DNS 区文件中的域名从 DNS 区文件中删除，停止提供服务。

注册算法根据相近或相似的特点对字符进行分组，形成字组，从而制定了国际化域名相似字对照表。该表的第一栏是字组，第二栏是建议字（其他栏也是建议字），可以根据需要增加第三栏、第四栏等。

在进行国际化域名注册时，先在第一栏中找到被注册的每个字符所属的字组，然后找出每个字组所对应的建议字，并根据算法生成建议域名字段。其他域名字段隐含在复合域名包中，用于保存保留域名字段，以便在将来被激活使用。

6.4.2.2 国际化域名注册方法的实现部分

国际化域名注册方法的实现部分如下：

（1）注册客户端：负责提交用户的国际化域名注册请求。

（2）国际化域名注册服务器：负责接收来自注册客户端的注册请求，与国际化域名相似字对照表存储器相连，确认所注册的国际化域名中每个字符都符合国际化域名相似字对照表的要求。

（3）国际化域名生成器：负责根据注册算法生成建议域名字段和复合域名字段。

（4）国际化域名相似字对照表存储器：负责存储国际化域名相似字对照表。

（5）相似字相似度验证服务器：负责验证加入国际化域名相似字对照表存储器中的字是否符合要求，通常要求加入国际化域名相似字对照表中的字符与其所在的字组视觉相似度不小于 70%。

（6）国际化域名注册数据库：负责存储生成的、要加入 DNS 区文件中的建议域名字段和复合域名字段。

6.4.2.3 国际化域名注册方法的具体实施

国际化域名注册方法的具体实施如下：

（1）选定某语种，并选出与该语种关联的、可以在该语种下注册的字符集。

（2）域名注册管理机构对允许注册的所有字符进行梳理，利用相似字相似度验证服务器和国际化域名相似字对照表存储器对其中的相似字进行分组，把与该语种相关联的字符集分成若干相似字组，分别是：

$$X_1, X_2, X_3, \cdots, X_i, \cdots, X_{m-1}, X_m$$

其中，X_i 表示第 i 组相似字、相近字或等效字的子集合（$i \leq m$），m 表示该语种字符集中不同的相似字、相近字或等效字的子集合组数。设某字符集可以用于国际化域名注册的

字符集为 M，则有如下关系：

$$X_1 \cup X_2 \cup X_3 \cup \cdots \cup X_i \cup \cdots \cup X_{m-1} \cup X_m = M$$

$$X_1 \cap X_2 \cap X_3 \cap \cdots \cap X_i \cap \cdots \cap X_{m-1} \cap X_m = \phi$$

（3）建立该语种的国际化域名相似字对照表。相似字对照表的制定说明和规则如下所述：

一个 DNS 区域应和特定的语种的国际化域名相似字对照表相关，该相似字对照表包括表头部分和表体部分。

① 表头部分：用于规定参考信息及版本信息。相似字对照表的开头应该用标签 "Reference" 后接一个整数以便按照顺序记录所参考的标准以及对该标准的描述信息，如 "Reference 0 Unicode3.2"。每个语种的相似字对照表应有版本号及其发行日期，"Version" 后接一个整数，再接一个 "YYYYMMDD" 格式的日期，如 "Version 1 20120401"。

② 表体部分：相似字对照表分为多栏，由分号分隔"相似字组" "第 1 个建议字" "第 2 个建议字"，可以根据需要增加第 K 个建议字，其中相似字组栏是由所有相似字、相近字或等效字构成的字符组，是相应语种字符集的一个子集。所有的相似字组中的字符集合是允许注册的字符集。如果建议字栏的建议字由多个码位组成，则码位以空格隔开。相似字对照表中的每一个码位都有一个对应的、明确的参考号，以便证明该条目来源正确，该参考号放置在码位后面的括号内。如果存在多个参考，那么参考号放置在多个括号中，这些括号用逗号隔开。

相似字对照表各栏的说明如下：

（1）第一栏是所有相似字组。所有相似字组里的字符的集合构成特定语种的有效字集合，该集合是 Unicode 的子集，用来检查用户注册域名的合理性。第一栏作为索引来检查注册域名中的字符。

（2）第二栏是和第一栏的相似字组相对应的第 1 个建议字，第 1 个建议字用于生成第 1 个建议域名字段。第 1 个建议域名字段是可被解析的，通常会在 DNS 区文件中被激活，从而在域名查询时得到正确的解析。

（3）第三栏是和第一栏的相似字组相对应的第 2 个建议字，第 2 个建议字用于生成第 2 个建议域名字段。第 2 个建议域名字段也是可被解析的，通常会在 DNS 区文件中被激活，从而在域名查询时得到正确的解析。

第一栏的每个条目都包含一组字，第二栏里的每个条目有且只有一个字符，第三栏里（如果有的话）的每个条目也是有且只有一个字符。任何一行都可用 "#" 开头的注释结束。域名注册管理机构可以根据需要增加相似字对照表的栏数，增加的栏数都是用来生成该栏的建议域名字段的，不同栏生成的建议域名字段可能相同，因此需要对所有生成的建议域名字段取并集后加入 DNS 区文件中。

表 6-1 所示为中文相似字对照表以字符形式表示的例子：

Reference 0   Unicode 3.2
Reference 1   简化字表
Reference 2   繁体字表
Version 1   20190402   #2019 年 4 月 2 日 1.0 版本

表 6-1　中文相似字对照表示例

相似字组	第 1 个建议字	第 2 个建议字
国(0)、囯(0)、囸(0)、國(0)	国(1)	國(2)
亞(0)、亚(0)、亜(0)	亚(1)	亜(2)
交(0)	交(1)	交(2)

6.4.2.4　国际化域名注册方法的注册算法

国际化域名注册方法的注册算法描述如下：

（1）用户在注册客户端输入想要注册的国际化域名字段 $Y_1Y_2Y_3\cdots Y_j\cdots Y_{n-1}Y_n$，其中 Y_j 表示要注册的域名字段中的第 j 个字符（$j \leqslant n$），n 表示要注册的域名字段长度。

（2）国际化域名注册服务器利用国际化域名相似字对照表找出国际化域名字段中每个字符 Y_j 对应的相似字组 X_i，即：

$$Y_j \in X_i$$

设函数 $P(Y_j)=X_i$ 表示 Y_j 所在的相似字组。

（3）国际化域名生成器找出 X_i 对应的建议字（即 Y_j 对应的建议字），分别是第 1 个建议字、第 2 个建议字、…、第 K 个建议字。

（4）国际化域名生成器根据找出的第 1 个建议字、第 2 个建议字、…、第 K 个建议字，分别生成第 1 个建议域名字段、第 2 个建议域名字段、…、第 K 个建议域名字段。第 K 个建议域名字段中的所有字符都必须由要注册的字符对应的相似字组中的第 K 个建议字生成，这些建议域名字段与以原型字注册的域名字段取并集后，如果域名注册管理机构的政策没有进一步限制，则可加入 DNS 区文件中用于域名解析。

（5）本算法生成的域名字段中的每个位置都可以用相似字组中的任意一个字符来表示，称为复合域名字段，复合域名字段包含了所有可能的域名字段的组合。

如果输入的字符是 $Y_1\ Y_2\ Y_3\cdots Y_j\cdots Y_{n-1}\ Y_n$，则复合域名字段可以用以下形式来表示：

$$Z_1\ Z_2\ Z_3\cdots Z_j\cdots Z_{n-1}\ Z_n$$

其中，$Z_j \in P(Y_j)$，$P(Y_j)$ 是国际化域名相似字对照表中的第一栏的相似字组，即：

$$P(Y_j) \in [X_1, X_2, X_3, \cdots, X_i, \cdots, X_{m-1}, X_m]$$

综合上面几步，注册过程可简要描述如下：

```
for j=1 to n
{
    查表找出 P(Y_j) = X_i
    找出 X_i 对应的第 1 个建议字
    找出 X_i 对应的第 2 个建议字
}
根据找出的第 1 个建议字和第 2 个建议字生成的建议域名字段
```

在特定的 DNS 区域中成功注册一个原型域名字段后，国际化域名生成器会创建一个复合域名字段包，同时表示算法结束。域名注册机构将为域名注册用户保存复合域名字段包信息，并将其存入国际化域名注册数据库中。用户在成功注册国际化域名后可获得注册的原型域名字段，以及第 1 个建议域名字段及第 2 个建议域名字段。复合域名字段连同所有被激活的域名字段（通常是建议域名字段）及对应的语种标识和注册的原型域名字段一起组成复合域名字段包。

复合域名字段包中的内容如下：

- 注册的原型域名字段；
- 与原型域名字段绑定的相关语种；
- 绑定的相似字对照表版本；
- 复合域名字段；
- 加入 DNS 区文件中被激活的域名字段。

复合域名字段包是在注册时创建的，并具有原子特性，即一个复合域名字段包中任何一个域名字段的转移或修改要以复合域名字段包为整体来进行。复合域名字段包内的任一个域名字段不能被单独删除或转移；任何重新注册、转移或其他关系到域名字段的操作都会影响复合域名字段包内的相关域名字段。如果特定 DNS 区文件中的域名冲突解决策略和复合域名字段包的原子特性原则发生冲突，则域名冲突解决策略应明确定义处理的优先级。

6.5 中文域名注册字表

本节介绍的中文域名注册字表是参考 RFC 3743 和 RFC 4713，遵循《基于国际多语种域名体系的中文域名总体技术要求》中变体对照表的基本制定格式，并根据我国中文域名注册的实际情况制定的。中文域名注册字表分为两个子表，第一个子表中的建议字栏为建议的中文简体字符，第二个子表中的建议字栏为建议的中文繁体字符。

中文域名注册可以考虑使用本节中介绍的中文域名注册字表，也可以参照 6.4 节中的方法。中文域名注册字表的使用方法如下：

（1）第一栏中的所有字符构成 CDN 的有效字集合，用于检查用户注册域名的合法性，该栏用于在检查 CDL 中要被注册的字符时作为索引。

（2）第二栏是和第一栏中有效字相对应的建议字符，这些建议字符被用于生成建议 CDL，所有建议 CDL 应能在 DNS 中解析。

（3）第三栏是与有效字相对应的变体字，这些变体字用于产生变体 CDL，所有变体 CDL 必须保留给同一个注册用户，并严格限制其他用户注册，各变体 CDL 在 DNS 中解析时应遵照相关域名注册管理机构的注册政策。

中文域名注册管理机构应根据注册政策，相应选择中文域名注册字表来生成 CDL 包：

（1）如果注册政策中的建议字仅包含中文简体字符，则中文域名注册管理机构应参照建议字为中文简体字符生成 CDL 包。

（2）如果注册政策中的建议字仅包含中文繁体字符，则中文域名注册管理机构应参照建议字为中文繁体字符生成 CDL 包。

（3）如果注册政策中的建议字既包含中文简体字符又包含中文繁体字符，则中文域名注册管理机构应参照建议字为中文简体字符生成建议中文简体 CDL，并参照建议字为中文繁体字符生成建议中文繁体 CDL，建议中文简体 CDL 和建议中文繁体 CDL 都应能够在 DNS 中解析。

6.6 中文域名检测机制

LDH 字段包括国际化域名应用（IDNA）所使用的 A-label 格式以及其他限制形式。带有前缀"xn--"的域名不会执行中文域名转码算法，或者会违反其他的国际化域名应用限制条件，这些都是假 A-label。在中文域名中需要检测真假 A-label。

真假 A-label 的检测可以参照以下 A-label 的特点：

（1）A-label 包含 ASCII 字母（大小写）、数字和连字符，连字符不会出现在域名的起始和末尾，域名长度不超过 63 个字节（8 位字节）。

（2）带有前缀"xn--"的域名必须是中文域名转码算法的有效结果，并且必须能够转换为有效的 U-label 格式。

（3）假 A-label 虽然带有前缀"xn--"，但域名字段的其余部分不是中文域名转码算法的有效结果。

（4）非国际化域名应用不能判别 A-label。

6.7 Punycode 编码

6.7.1 Bootstring 算法的基本特点

在 CDNA 中，非 ASCII 格式的域名字段可以用 ACE 前缀来表示，后接 Unicode 字符的 Punycode 编码。Punycode 编码是一种为国际化域名而设计的简单、高效的编码转换方法，它可以唯一且可逆转地把 Unicode 格式转换成 ASCII 格式。在 Unicode 中，ASCII 格式的字符还是按原来的字符显示，非 ASCII 格式的字符则用 ASCII 字符中的 LDH 字段来表示。

本节介绍一种称为 Bootstring 的通用算法，该算法可用基础码位来表示字符集中的码位。Punycode 编码是 Bootstring 算法的特殊形式，它使用了专门的参数，使得其可以满足国际化域名应用的需要。Punycode 编码主要用来把中文域名字段转换成 ASCII 格式。

Bootstring 算法具有以下基本特点：

（1）完备性：任意扩展的字符串都可以用基础字符串来表示，对字符串的限制可以在应用的高层来完成。

（2）唯一性：至多只有一个基础字符串来表示扩展字符串。

（3）可逆转性：任何被表示成基础字符串的扩展字符串都可以从基础字符串转换回来。

（4）编码高效性：基础字符串长度和扩展字符串长度的比值很小。

（5）简单性：编码和解码容易实现。

（6）可读性：扩展字符串中的基础码位仍被表示成原来的码位。

6.7.2 Bootstring 算法的主要技术

Bootstring 算法把扩展字符串表示成基础字符串，主要涉及 4 项技术，即基础码位分离、插入未排序码位、通用可变长整数、贝叶斯调解。

6.7.2.1 基础码位分离

所有出现在扩展字符串中的基础码位，按它们原来的出现顺序，依次排在基础字符串的前面，作为基础字符串的前半部分。基础字符串的前半部分和后半部分用分隔符分开，分隔符是一个特殊的符号，不会出现在基础字符串的后半部分。

6.7.2.2 插入未排序码位

基础字符串的后半部分把非负整数形成的堆的序列表示成通用可变长整数,可把堆看成解码器,解码器逐渐建立扩展字符串。扩展字符串是基础字符串中前半部分的完全复制(不包括分隔符),解码器为每个堆建立一个非 ASCII 码位并插入扩展字符串中依次解码,最后完成全部解码。

解码过程的核心部分是状态机。状态机用序号 i(index i)和计数器 n(counter n)表示,i 表示在基础字符串中的位置,其值变化范围为 0(第一个位置)到当前的基础字符串的长度。假如当前状态是 <n,i>,则下一个状态就是 <$n,i+1$>(i 小于当前基础字符串的长度)或者 <$n+1,0$>(i 等于当前基础字符串的长度)。每次状态的变化都会使 i 增加,当 i 等于当前基础字符串的长度时,i 就会被置 0,同时 n 加 1。状态总是单向增长的,不会返回到原来的状态。在每个状态中,插入操作可以进行,也可以不进行。对任何一个状态,最多只能进行一次插入操作,每次插入操作都是把 n 的值放在当前扩展字符串的第 i 个位置。

堆是一系列活动的实时编码,是指在插入状态之前的非插入状态个数。对每个堆,解码器先处理堆状态的变化,接着执行插入操作,再处理下一个状态的变化。在实现时,禁止每次单独先处理状态的变化,可以用除法运算和取余运算来直接算出下一次插入的状态。如果插入的码位是基础码位,则会产生错误。

编码器的主要任务是从扩展字符串中得到堆的序列,编码器不停地扫描扩展字符串中的下一个码位,计算解码器需要处理状态的变化次数。注意,扩展字符串只包括那些已经被插入的码位。

6.7.2.3 通用可变长整数

在传统的整数表示方法中,基数(base)就是 0 到 base-1 的数字符号。digit_0 代表权重最小的数,digit_1 代表下一个权重最小的数,依次类推。整数所表示的值是所有 digit_j 乘以 $w(j)$ 的总和,$w(j)$ 是 digit_j 所处位置的权值。这种表示方法有两个问题:一是每个数值有多种编码方法,对要求单一编码的操作不是很方便;二是如果多个整数连接在一起,则不能根据自己的特点把它们分开,这些整数之间的界限就消失了。

通用可变长整数可以解决上述两个问题,当每个数字符号是 0 到 base-1 时,可以通过极限 $t(j)$ 来确定通用可变长整数(0≤$t(j)$≤base-1),并且只有一个权重最大的数字符号满足 digit_j<$t(j)$。如果多个整数被连接,则可以很容易地把它们分开。整数的数值是所有 digit_j 乘以 $w(j)$ 积的总和,但每个数字符号的权值是不同的。

$$w(0) = 1$$

$$w(j) = w(j-1) \times [\text{base} - t(j-1)], \quad \text{当 } j>0 \text{ 时}$$

解码过程和传统整数的解码过程非常类似：从当前 $N=0$ 和权重 $w(j)=1$ 开始取出下一个整数，然后令 $N=N+d \times w(j)$；如果 d 小于当前极限 $t(j)$，那么处理过程停止，否则根据 $\text{base}-t(j)$ 来获得新的 $w(j)$ 值，把 $t(j)$ 更新到下一个位置的值；不断重复这个过程，直到解码完成为止。

编码过程也和传统整数的编码过程类似：如果 $N<t(j)$，那么输出一位数字符号，否则根据 $t(j)+\{[N-t(j)]\bmod[\text{base}-t(j)]\}$ 输出一位数字符号，然后令 $N=[N-t(j)]\text{div}[\text{base}-t(j)]$，更新下一个位置 $t(j)$ 的值；不断重复这个过程，直到编码完成为止。

对于任何给定的 $t(j)$ 集合，每个非负整数只有一个通用可变长的表示形式。Bootstring 算法使用小尾序列，因此堆的序列可以根据第一个最小的值来分割。$t(j)$ 的值根据常量 base、$t_{\min}$、$t_{\max}$ 以及变量 bias 的值来确定，即：

$$t(j) = \text{base} \times (j+1) - \text{bias}$$

如果 $t(j)<t_{\min}$，则令 $t(j)=t_{\min}$；如果 $t(j)>t_{\max}$，则令 $t(j)=t_{\max}$。

6.7.2.4 贝叶斯调解

（1）计算规则。在贝叶斯调解（Bias Adaptation）中，每个堆被编码或解码后，下一个堆的 bias 值根据以下规则来计算。

① 为了避免在下一步操作中数据溢出，堆会被按比例缩小。在第一次缩小时，delta = delta div damp，其中 damp 是个常数；在第二次及以后缩小时，delta = delta div 2。

② 堆的增加会将下一个堆放入更长的字符串里，即：

$$\text{delta} = \text{delta} + (\text{delta div numpoints})$$

其中，numpoints 是当前所有已编码的（或解码的）码位数量（包括这个堆本身和基础码位的数量）。

③ 堆被不断减小，直到它落入一个极限值（threshold）内，以预测表示下一个堆所需的数字符号。

```
while delta > [(base-t_min)×t_max] div 2
do
let delta = delta div (base-t_min)
```

④ bias 通过如下方式取得：

bias =(base×在步骤③中除法的执行次数)+{[(base-$t_{\min}$+1) delta]div(delta+skew)}

当前堆隐藏了关于下一个堆可能大小的信息，当 $t(j)=t_{\max}$ 时，权重较大的数字符号有可能是最后一个数字符号；当 $t(j)=t_{\min}$ 时，权重较小的数字符号有可能是倒数第三个数字符号；当 $t_{\min}<t(j)<t_{\max}$ 时，相对应的数字符号有可能是倒数第二个数字符号。

给定一个基础码位字符集，需要指定其中一个字符为分隔符。base 的值不能大于可区分基础码位的数量，每个数字符号代表的值在 0 到 base-1 之间变化，需要和可区分的非分隔符相联系。在某些情况下，有些码位需要同样的数字符号的值，如果基础码位不区分大小写，则一个字符的大写和小写方式需要等效。n 的初始值不能大于在扩展字符串中最小的非基础码位。剩下的 5 个参数 t_{min}、t_{max}、skew、damp、initial_bias（bias 的初始值）必须满足以下要求：

$$0 \leqslant t_{min} \leqslant t_{max} \leqslant base-1$$

$$skew \geqslant 1$$

$$damp \geqslant 2$$

$$initial\_bias \bmod base \leqslant base - t_{min}$$

在满足上述要求时，这 5 个参数只影响执行效率，不影响正确率，应当根据实际经验来确定。

Punycode 编码使用 Bootstring 算法的以下参数值：

```
base             = 36
t_min            = 1
t_max            = 26
skew             = 38
damp             = 700
initial_bias     = 72
initial_n        = 128 = 0x80
```

Punycode 编码对输入数字符号的唯一限制是非负整数，这是专门为 Unicode 的码位设计的，Unicode 的码位范围是 0~10FFFF（十六进制）。基础码位是 ASCII 码位，范围为 0~7F（十六进制），其中连字符 "-"（U+002D）是分隔符，其他码位的数值表示如下：

码位	数字值
41~5A（A~Z）	分别对应 0~25
61~7A（a~z）	分别对应 0~25
30~39（0~9）	分别对应 26~35

使用连字符作为分隔符表示只有当 Unicode 格式的字符串完全包含基础码位时，编码后的字符串才可能以连字符结束。CDNA 禁止对只包含基础码位的字符串进行编码，编码后的字符串可以以连字符开始，但 CDNA 会为其增加一个前缀 "xn--"。

使用 Punycode 编码的 CDNA 必须遵守 RFC 952 中关于主机（服务器）名不能以连字符开始和结束的规定；解码器必须识别字母的大小写形式；编码器输出只包含大写或小写形式的字符串。

满足一些条件的部分伪代码可以被忽略，这部分伪代码可用大括号括起来，并在后面加上注释。码位就是整数，伪代码假设所有的操作能直接作用于码位，在一些编程语言里，可能需要进行一些码位和整数之间的转换操作。

下面是贝叶斯调解函数的伪代码。

```
function adapt(delta,numpoints,firsttime)
if firsttime then let delta = delta div damp
else let delta = delta div 2
    let delta = delta + (delta div numpoints)
    let k = 0
while delta > ((base - t_min) * t_max) div 2 do
begin
    let delta = delta div (base - t_min)
    let k = k + base
end
return k + (((base - t_min + 1) * delta) div (delta + skew))
```

在 adapt()函数内对 delta 和 k 的修改并不影响在编码和解码过程中同名的变量，因为在调用 adapt()函数后，调用者会在读取前先覆盖原来的值。

（2）解码过程。解码过程如下所述：

```
函数开始
let n = initial_n
let i = 0
let bias = initial_bias
let output = an empty string indexed from 0，序号从 0 开始的空字符串
```

如果在最后一个分隔符之前存在码位，则把这些码位复制到 output；如果发现这些码位非基础码位，则失败退出；如果成功复制出的码位数大于 0，则需要对分隔符进行处理。

```
while 输入字符串 input 中的字符没有被处理完 do
begin
    let oldi = i
    let w = 1
    for (k = base;;k += base) do
    begin
        处理一个码位，如果没有码位可处理，则给出错误信息
        let digit = 码位所代表数字符号的值（如果没有码位可处理，则给出错误信息）
        let i = i + digit * w（如果数字符号的值溢出则给出错误信息）
        let t = t_min if k <= bias + t_min
        或者 t=t_max if k >= bias + t_max
```

```
            或者 t=k - bias（k 取其他值）
            if digit < t then break
        end
        let w = w * (base - t)（如果数字符号的值溢出则给出错误信息）
        let bias = adapt(i - oldi, length(output) + 1, test oldi is 0?)
        let n = n + i div (length(output) + 1)（如果数字符号的值溢出则给出错误信息）
        let i = i mod (length(output) + 1)
        {如果 n 是基础码位，则给出错误信息}
        在输出字符串 output 位置序号为 i 的地方插入 n
        增加 i 的值
end
函数结束
```

如果 initial_n 大于基础码位（对于 Punycode 编码，n 永远大于 initial_n），则检查 n 是否是基础码位的伪代码可以被忽略。

在给 t 赋值时，如果 t 在 t_{min} 到 t_{max} 之间，则"+ t_{min}"操作总是被忽略。当 bias < k < bias + t_{min} 时，这种忽略操作会存在问题。通过对 bias 的计算方式和参数进行限制，可避免这种情况的发生。由于解码状态总是单向前进的，任何堆只有一种表示方法，因此只有一个编码的字符串可以表示给定的整数序列。

（3）编码过程。编码过程如下所述：

```
函数开始
let n = initial_n
let delta = 0
let bias = initial_bias
let h = b = 输入字符串 input 中的基础码位数
```

如果 b>0，则将基础码位按顺序复制到输出字符串 output 中，并在字符串后加入分隔符。

```
{如果输入字符串 input 中包含小于 n 的非基础码位，则给出错误信息}
while h < length(input) do
begin
let m =在输入字符串 input 里，大于 n 的码位值的最小非基础码位的码位值
    let delta = delta + (m - n) * (h + 1)（如果数字符号的值溢出则给出错误信息）
    let n = m
    for 在输入字符串 input 里每个码位 c（按顺序）do
    begin
if c < n {或者 c 是基础码位} then 增加 delta 的值（如果数字符号的值溢出则给出错误信息）
if c == n then
begin
```

```
            let q = delta
            for (k = base;; k += base) do
begin
            let t = t_min if k <= bias {+ t_min}
        或者 t = t_max if k >= bias + t_max
        或者 t = k - bias（k 取其他值）
            if q < t then break
                为 digit t + ((q - t) mod (base - t))输出码位
                let q = (q - t) div (base - t)
            end
            为数字符号的值 q 输出码位
            let bias = adapt(delta, h + 1, test h equals b?)
            let delta = 0
            增加 h
            end
        end
        增加 delta 和 n
end
函数结束
```

如果小于 initial_n 的码位都是基础码位，那么关于检查是否有非基础码位小于 n 的伪代码可以被忽略。对于 Punycode 编码，如果码位是无符号的，那么上述判断成立。

对于 Punycode 编码，如果 initial_n 大于所有的基础码位，那么关于基础码位和非基础码位的判断可以被忽略。在给 t 赋值时，如果 t 在 t_{min} 到 t_{max} 之间，则"+t_{min}"操作被忽略。当 bias<k<bias+t_{min} 时，这种忽略操作会存在问题。但通过对 bias 的计算方式和参数进行限制，可避免这种情况的发生。

为了避免产生无效输出，应该进行溢出检查。因为 delta < length(input)，所以堆增长不会导致溢出。

在 CDNA 中，26 比特的无符号整数已经足够处理所有的 CDN 域名字段，任何大于 26 比特的堆都会超出 Unicode 的码位范围或者 CDN 域名字段长度的限制。由于输入有可能不是有效的 CDN 域名字段，因此溢出处理是必要的。本书建议在进行编码时对输入进行检查，只输入符合 CDNA 规定的字符和长度的字符串，以防止溢出。在进行解码时，应当在转换到 Unicode 时进行解码，以避免溢出。

6.8 中文域名注册和用户解析系统

中文域名注册系统主要由以下模块组成：

6.8.1 中文域名注册模块

中文域名注册模块的算法流程如图 6-1 所示。

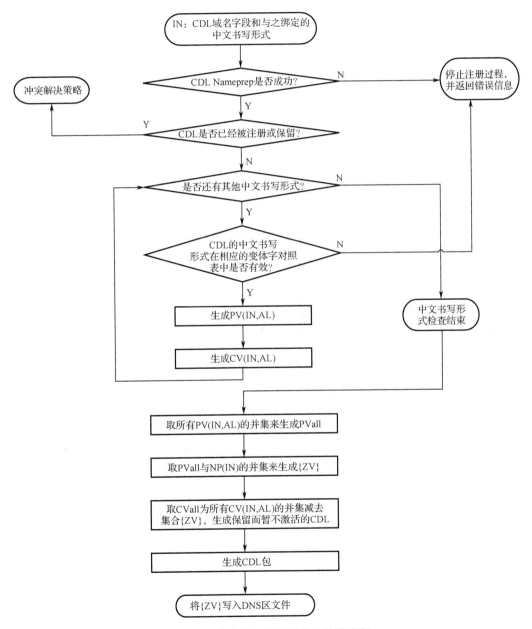

图 6-1 中文域名注册模块的算法流程

具体算法流程如下("<="表示等于或者赋予):

步骤 1:IN<=需要注册的 CDL。{L}<={与此 IN 相关联的中文在特定环境中的书写形式},如中文简体形式、中文繁体形式等。本步骤输入的是将要注册的 CDL 域名字段和与之绑定的中文书写形式。

步骤 2:生成 IN 的 Nameprep 处理后的版本,然后对其进行映射和规格化处理。如果本步骤失败,则停止注册过程并返回错误信息。

步骤 3:对{L}中的每种中文书写形式 AL 进行循环处理,循环开始。

步骤 4:PVall<= {所有 PV(IN,AL)的并集}。

步骤 5:{ZV}<={PVall 与 NP(IN)的并集},产生最初的 DNS 区文件的变体字集合。

步骤 6:取 CVall 为 CV(IN,AL)的并集减去集合{ZV},生成保留而暂不激活的 CDL。

步骤 7:使用上述的 IN、{L}、{ZV}和 CVall 来生成 IN 的 CDL 包。

步骤 8:将{ZV}写入 DNS 区文件。

采用 UseSTD13ASCIIRules(见 RFC 3490)激活 CDL,在被写入 DNS 区文件前应进行 ToASCII 转换,这个转换可将 CDL 转换为 Punycode 编码格式。如果 ToASCII 转换过程失败,则不可将 CDL 写入 DNS 区文件中。

6.8.2 中文域名激活模块

中文域名激活模块的算法流程如图 6-2 所示。

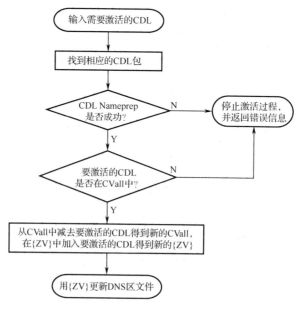

图 6-2 中文域名激活模块的算法流程

具体算法流程如下（"<="表示等于或者赋予）：

步骤 1：IN<={需要激活的 CDL}，PA<={相应的 CDL 包}。本步骤输入需要激活的 CDL，然后在中文域名注册系统中找到相应的 CDL 包。

步骤 2：NP(IN)<={经过 Nameprep 处理的 IN}，本步骤对要激活的 CDL 进行 Nameprep 处理，以保证该 CDL 的有效性。

步骤 3：如果 NP(IN)不在 CVall 中，则停止激活过程。本步骤确认要激活的 CDL 确实在保留的 CDL 中，如果不在，则应停止激活过程并返回错误信息。

步骤 4：CVall<={CVall 减去 NP(IN)之后的集合}，{ZV}<={{ZV}和 NP(IN)的并集}。在一个 CDL 包内，应把要激活的 CDL 从保留的 CDL 包中减去，并把其加入{ZV}中。

步骤 5：用{ZV}更新 DNS 区文件。

6.8.3 中文域名去活模块

中文域名去活模块的算法流程如图 6-3 所示。

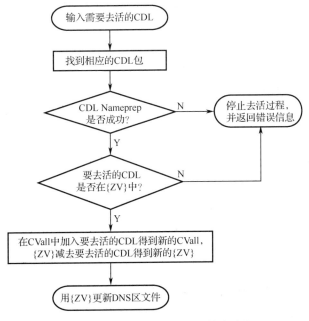

图 6-3 中文域名去活模块的算法流程

具体算法流程如下（"<="表示等于或者赋予）：

步骤 1：IN<={需要去活的 CDL}，PA<={相应的 CDL 包}。本步骤输入要去活的 CDL，然后找到相应的 CDL 包。

步骤 2：NP(IN)<={经过 Nameprep 处理过的 IN}。本步骤对要去活的 CDL 进行 Nameprep 处理，以保证 CDL 的有效性。

步骤 3：如果 NP(IN)不在{ZV}中，则应停止去活过程。本步骤需要确认经过 Nameprep 处理后的 CDL 确实在集合{ZV}中，如果不在，则应停止去活过程并返回错误信息。

步骤 4：CVall<={CVall 和 NP(IN)的并集}，{ZV}<={{ZV}减去 NP(IN)之后的集合}。在 CDL 包内，从激活的 CDL 变体字中删除被去活的 CDL，并把这个 CDL 添加到保留的 CDL 变体中。

步骤 5：用{ZV}更新 DNS 区文件。

6.8.4　中文域名解析模块

该模块负责中文域名的解析，利用多级域名服务器对中文域名进行解析。

6.8.5　中文域名安全配置算法模块

该模块利用 Punycode 编码算法把非 ASCII 格式的字符串转换成 ASCII 格式的字符串。Punycode 编码是一种高效的 ACE 编码方式，是专门为国际化域名设计的，它可以在 Unicode 格式的字符串和 ASCII 格式的字符串之间进行唯一且可逆的转换。在转换过程中，Unicode 格式的字符串中的 ASCII 字符保持不变，国际化字符则用字母和数字来表示，其实质是一种用数量有限的基本字符（字母和数字）来唯一地表示 Unicode 字符的通用算法，域名中的字符（包括 ASCII 字符和 Unicode 字符）均被当成整数来处理。

6.9　中文域名等效实现方案

6.9.1　中文域名等效需求

中文域名等效需求是指将中文域名简体、繁体、变体等所有变体均解析成同一个域名。当用户访问中文域名时，可以输入简体、繁体、变体以及它们的任意组合，只要访问的域名对应的简体相同，就会得到相同的结果。

中文域名等效需求与特定 DNS 区域（如".中国"".公司"".cn"等）的需求相关，实现方案必须具有可配置性。中文域名等效实现方案从原理上讲主要可分为两种：记录配置法和码表转换法。

6.9.2　记录配置法

记录配置法是指在 DNS 区域数据中将所有中文域名变体枚举出来，实现域名等效。

根据中文域名变体枚举实现方式的不同，又可细分为记录映射法和记录复制法。

6.9.2.1 记录映射法

记录映射法采用 CNAME、DNAME 或 BNAME（草案）等记录，将中文域名变体映射成设定的唯一中文域名。在配置时，叶子域名可采用 CNAME 记录，非叶子域名可采用 DNAME 记录。由于 DNAME 记录无法对其本身进行解析，因此需要对其单独配置。

记录映射法的实现比较简单，对于中文域名数较少的 DNS 区域来讲是一种较好的实现方案。但如果中文域名数较多，中文域名变体将呈几何级数增长，则会使 DNS 区域数据大得难以维护。

6.9.2.2 记录复制法

记录复制法采用手工或程序自动复制记录的方法来实现两个 DNS 区域数据的等同。

当出现授权子区时，如果父区进行了复制，则要求子区也做相应的复制。记录复制法会使父子区之间的数据高度耦合，将增加数据的维护难度，这就注定该方法只适用于叶子域名。

6.9.3 码表转换法

码表转换法的主要步骤如下所述。

6.9.3.1 修改查询数据包

（1）修改权威服务器。在权威服务器端添加一个模块，将权威服务器区域数据中的中文域名都保存为中文简体字符。权威服务器查询示意图如图 6-4 所示。

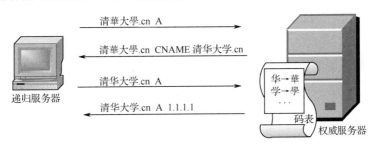

图 6-4　权威服务器查询示意图

如果查询的中文域名为中文简体字符，则该模块直接将查询导向权威服务器，权威服务器将查询结果直接返回客户端。

如果查询的中文域名包括中文繁体或变体字符，则该模块将合成一个 CNAME 记录，

CNAME 记录的 Rdata 部分为中文域名对应的简体形式,然后将 CNAME 记录作为查询结果返回客户端。客户端根据返回的 CNAME 记录,以中文简体字符的形式发起第二次查询。

其优缺点如下所述:

① 优点:权威服务器的修改较少,可以将代码作为独立的模块随权威服务器一起发布,递归服务器不需要做任何修改。

② 缺点:在 DNS 区域部署 DNSSEC(域名系统安全扩展)时存在密钥管理问题。

(2)修改递归服务器。权威服务器只保存中文简体字符形式的域名。在递归服务器中添加一个模块,将查询的中文域名转换为中文简体字符的形式后,再向外发出请求,在得到查询结果后,将原始查询的中文域名及结果打包返回至客户端。递归服务器查询示意图如图 6-5 所示。

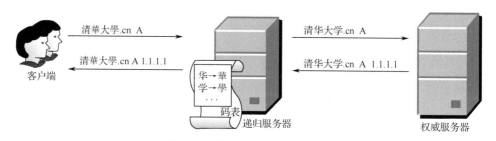

图 6-5　递归服务器查询示意图

其优缺点如下所述:

① 优点:客户端只需要配置指定的递归服务器就可以实现中文域名的简体、繁体、变体的等效,无须 DNS 权威服务器做任何设置。

② 缺点:需要客户端更改递归服务器的设置,这在某种程度上增加了不便,实现方案不够灵活。

6.9.3.2　修改域名比较逻辑

码表转换法的关键是判定域名是否等效,比较逻辑为小写字符相同的域名被认为是相同的域名。对中文域名而言,比较逻辑变为对应相同中文简体字符的域名被视为相同的域名,并依此逻辑来进行域名比较。这样做的优缺点如下所述:

① 优点:从本质上解决问题,对保存在 DNS 区域中的域名没有限制。

② 缺点:需要修改权威服务器与递归服务器的域名比较逻辑。由于域名等效和特定的域名相关,并非所有的中文域名都存在简体、繁体等效需求(取决于域名管理机构的政策),因此这种方法无法实现中文域名等效的可配置性。

6.9.4 域名系统安全扩展方面的考虑

6.9.4.1 记录配置法

使用记录配置法，不需要修改当前的域名系统安全扩展（DNSSEC）的逻辑。

6.9.4.2 码表比较法

（1）修改查询数据包。在修改递归服务器时，不需要修改当前 DNSSEC 的逻辑；在修改权威服务器时，需要对在线合成的 CNAME 记录进行实时签名，生成对应的 RRSIG 记录，再将 CNAME 记录与 RRSIG 记录作为查询结果一并返回客户端。修改权威服务器查询示意图如图 6-6 所示。

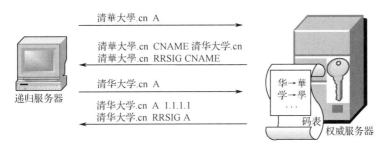

图 6-6　修改权威服务器查询示意图

修改权威服务器时需要为每个权威服务器提供一个供实时签名用的私钥，这有悖于现有 DNSSEC 的密钥管理机制，将会给私钥的管理带来一定的复杂度。可以为每个 DNS 区配置两个 ZSK，分别用于区域数据签名和实时签名。当更换用于实时签名的私钥时，不会影响区域数据的签名。对于实时签名私钥，需要建立一套分发同步机制，当轮换实时签名私钥时，需要首先通过 DNS 区域增量更新完成对应公钥的同步，然后完成实时签名私钥的轮换。

（2）修改域名比较逻辑。由于递归服务器需要验证签名数据的正确性，而通过权威服务器查询到的签名数据只是对一个域名变体的签名，无须对所有可能的中文域名输入组合进行签名，因此必须有一个统一的签名策略，以简化 DNSSEC 的验证。

对于英文域名，即使 DNS 区文件中保存的域名是大小写混合的形式，签名数据也可以基于小写的域名来生成。对于中文域名，需要修改 DNSSEC 的签名过程，在生成签名数据时，需要将中文域名变成对应的中文简体字符的 Punycode 编码来生成签名数据，因此需要修改递归服务器 DNSSEC 的验证流程。

6.9.5 两种方法的优缺点比较

记录配置法和码表转换法的优缺点比较如表 6-2 所示。

表 6-2　记录配置法和码表转换法的优缺点比较

方　法		优　点	缺　点
记录配置法	CNAME、DNAME、BNAME	应用简单，适用于记录数较少的 DNS 区域	当中文域名数较多时，域名变体将呈现几何级数的增长，DNS 区域数据会变得难以管理和维护
	手动或程序自动复制记录	应用简单，适用于记录数较少的子区	父子区的数据高度耦合，难以维护
码表转换法	修改查询数据包	修改权威服务器	彻底解决中文域名等效问题；代码可作为独立的模块，和权威服务器一起发布；无须修改递归服务器	对实时签名密钥的管理具有一定的复杂度
		修改递归服务器	代码可作为独立的模块，和递归服务器一起发布；无须修改权威服务器	需要用户设置特定的递归服务器才能实现域名等效，方案不灵活，增加了不便性
	修改域名比较逻辑		可从本质上解决域名等效问题；对保存在 DNS 区域数据中的域名没有限制	需要修改权威服务器与递归服务器的域名比较逻辑；无法实现针对特定中文域名等效的可配置性

第 7 章
国际化电子邮件地址技术

7.1 国际化电子邮件地址技术的发展背景

7.1.1 国际化电子邮件地址标准的制定

由于历史原因，互联网上的很多应用仅能使用英语，这给众多非英语国家的互联网用户，以及互联网普和应用带来不容忽视的语言障碍，包括 ICANN、IETF 等在内的众多互联网国际组织以及包括中国在内的众多非英语国家，一直在致力于非英语互联网应用和服务的开发，着力推动全球互联网事业的发展。在积极推进互联网国际化的同时，如何在语言和应用等方面更好地尊重民族化、本土化，以便让世界不同国家、不同地区、不同民族的网民能在互联网中使用自己熟悉和喜爱的母语进行交流、共享人类科技进步成果，是全球互联网界一直在考虑的问题。多语种域名和多语种电子邮件（国际化电子邮件）地址技术的推广应用便是其中的一项重要举措。

2006 年，IETF 成立了 EAI（Email Address Internationalization，国际化电子邮件地址）工作组，着手制定国际化电子邮件地址协议的技术标准。随着 IDN（Internationalized Domain Name，国际化域名）的推广和应用，互联网用户希望使用如"中文名字@中文域名"格式的国际化电子邮件地址，但原有的技术标准不支持这样的电子邮件地址。

为了使用国际化电子邮件地址，需要对电子邮件地址的域名部分和本地部分分别进行处理。电子邮件地址的域名部分通过 IDN 协议已实现国际化，而本地部分却被限制为 ASCII 字符。要想在实际中使用国际化电子邮件地址，就必须在可能遇到的各种环境中都能够处理国际化电子邮件地址。

电子邮件系统是一个非常复杂的系统，涉及 SMTP（Simple Mail Transfer Protocol，简单邮件传输协议）、POP（Post Office Protocol，邮局协议）、IMAP（Interactive Mail Access Protocol，交互式邮件访问协议）等众多协议。传统上广泛使用的 SMTP 只支持"ASCII@ASCII"格式的电子邮件地址的传输。IETF EAI 工作组于 2012 年和 2013 年正式发布了关于国际化电子邮件地址的核心 RFC 技术标准，全球互联网电子邮件系统开发者都可以遵循这些技术标准来使用国际化电子邮件地址。

电子邮件是互联网最早和最普遍的应用与服务之一，国际化电子邮件地址技术标准的制定、实施和推广具有深远的意义，打破了自 1982 年以来以英文作为电子邮件地址唯一选择的局面，有助于加速多语种电子邮箱以及多语种域名的商业化进程。相信在不久的将来，将会看到有越来越多的中国、俄罗斯、日本、韩国、德国、法国、阿拉伯等非英语国家和地区的网民，利用自己熟悉的母语来收发电子邮件，并从中受益，从而更好地体现互联网开放、交流、多元、包容的文化与精神。

中国的网民许多时候习惯将电子邮件地址称为电子邮箱（简称邮箱）。中文邮箱是指采用中文字符表示的中文电子邮件地址，是国际化电子邮件地址的一种，如"王同学@北京大学.中国"。中文电子邮件有助于我国的互联网用户以母语来使用互联网，并有助于各公司、组织、个人保持和突出其组织、个人身份的特征，也有助于推广中文域名的相关业务。中文电子邮件是中文域名的最大应用，目前中文域名的使用和注册率还不是很高，一个很重要的原因就是缺乏像中文电子邮件这样"杀手锏级"的应用。积极推广中文电子邮件必将有利于进一步推动各种主流互联网应用程序对中文电子邮件和中文域名的支持，从而促进中文域名相关业务的推广，并带动电子邮件相关产业的升级，创造更大的经济效益和社会效益。

例如，就北京著名的全聚德烤鸭店而言，目前的联系邮箱为"quanjude@quanjude.com.cn"，采用多语种电子邮件和多语种域名后，联系邮箱可变为"全聚德@全聚德.中国"，这将极大方便顾客的记忆与使用，并有助于在互联网上强化民族语言与文字符号，更好地体现全聚德的传统品牌与中国文化；再如，中国科学院网络中心可以使用"王教授@中国科学院网络中心.中国"这样的电子邮件地址，对中国的网民而言，既一目了然，又可凸显中国特色。

2013 年，互联网名称与编号分配机构（ICANN）正式推出了以"公司""网络""公益""政务"，以及其他各国文字为结尾的顶级域名，从此之后的互联网域名将会呈现以各国文字为基础、多语种域名"百花齐放"的局面。多语种电子邮件作为多语种域名的最大应用，将推动互联网域名相关产业，以及电子邮件相关产业的发展，促进互联网应用的升级换代，推动互联网经济的发展。

7.1.2 中文域名和中文电子邮件地址标准的制定

我国自 2000 年起就参与多语种域名国际标准的制定，先后制定了两项中文域名国际标准，即 RFC 3743 和 RFC 4713。2010 年 6 月 25 日，ICANN 基于多语种域名的标准和 IETF 发布的中文域名标准，在第 38 届布鲁塞尔年会上正式获批了".中国"或".中國"域名的申请，标志着".中国"或".中國"作为中文顶级域名正式纳入全球互联网根域名体系。2010年7月10日，".中国"或".中國"域名正式写入全球互联网根域名系统。因此，目前的中文域名已经完全可以是全中文的形式，如"中国科学院网络中心.中国"。

为了支持中文域名在国内的部署和应用，我国分别于2004年和2008年启动了有关中文域名技术，以及中文电子邮件地址技术的国内通信行业标准的制定工作。我国制定的《基于国际多语种域名体系的中文域名总体技术要求》《基于国际多语种域名体系的中文域名的编码处理技术要求》于2011年初正式发布实施，标准编号分别为YD/T 2142—2010和YD/T 2143—2010。其中《基于国际多语种域名体系的中文域名总体技术要求》主要规定了如何在应用程序中实现对中文域名的支持，同时也规定了中文域名的注册指南；《基于国际多语种域名体系的中文域名的编码处理技术要求》主要规定了如何利用Punycode编码算法将中文域名转化为ASCII格式的域名。

另外，关于中文电子邮件地址的国内行业标准已经从2009年开始陆续发布实施。其中《互联网中文电子邮件地址框架总体技术要求》（标准编号为YD/T 2030—2009）规定了在互联网中使用中文电子邮件地址框架体系的总体技术要求，从服务器端和客户端提出了相应的技术规范；《基于简单邮件传输协议（SMTP）的互联网中文电子邮件地址技术要求》（标准编号为YD/T 2144—2010）规定了利用SMTP扩展支持中文电子邮件地址的要求。

国家标准的出台将大力促进互联网产业链的各方均支持中文域名和中文电子邮件地址，促进中文域名和中文电子邮件地址的推广应用，是推动我国中文域名和中文电子邮件地址发展的强有效的催化剂。

我国作为国际化多语种电子邮件地址技术国际标准的主要制定者，为了使该项技术更好地造福母语为非英语的亚太地区广大互联网用户，积极推进该项技术在亚太地区的部署和推广应用，亚太经合组织（APEC）电信会议第47会议于2013年4月22日至27日在印度尼西亚巴厘岛召开，我国提交的、在亚太地区部署多语种电子邮件地址技术的项目提案经大会讨论，得到了APEC相关经济体的广泛支持并获大会表决通过，得到了APEC专项资金的资助，支持在亚太地区推广中文电子邮件在内的多语种电子邮件地址技术。

2013年，拥有超过6亿终端用户的我国著名电子邮件服务商Coremail公司完成多语种电子邮件平台的部署升级，其研发的Coremail XT V3.0电子邮件系统成为首个符合RFC 6530、RFC 6531、RFC 6532等多语种电子邮件地址技术标准，以及中文电子邮件地址国家行业技术标准等相关技术要求的商用软件。

2014年，世界三大主流电子邮件开源系统之一的Postfix在其官方网站上发布了可支持IETF多语种电子邮件协议标准的Postfix新系统。该系统的开发得到了主导制定多语种电子邮件地址核心国际标准《SMTP 扩展支持国际化电子邮件》（编号为 RFC 6531）的 CNNIC 的大力支持和资助。

目前谷歌公司的 Gmail 电子邮件系统、微软公司的 Outlook 电子邮件系统等都已支持多语种电子邮件地址技术；俄罗斯和印度的大型电子邮件服务商也都宣布支持多语种电子邮件地址技术。

下面主要从中文电子邮件地址标准制定和技术发展的角度，对多语种电子邮件地址技术的标准制定和发展情况进行介绍。

7.2 中文电子邮件地址的总体技术要求

7.2.1 协议概述

国际化域名协议允许使用国际化域名和中文域名。目前，国内完全中文化的互联网域名体系还不普及，中文域名只是各种需要中文名字和标识符中的一种，在很多环境中，仅有中文域名尚不能很好地方便用户使用日益中文化的互联网，还需要更多的中文标识符。广大的用户在使用中文域名时迫切需要与中文域名相关的应用，与中文域名最相关的一个应用就是中文电子邮件。

中文电子邮件更能符合国内互联网用户的上网需要。为了支持中文电子邮件，需要对原有的电子邮件系统进行扩展，以支持中文电子邮件。中文电子邮件地址的本地部分和域名部分可以先通过字符串预处理的方式来判定中文电子邮件地址是否可以作为合法的电子邮件地址。

中文电子邮件不是简单地对 SMTP 的信封进行改变，或修改"From""To""Cc"字段，或进行特殊的编码来显示本地字符。为了使收到的电子邮件地址更有用，在处理的中文电子邮件地址时的环境必须和其产生时的环境保持一致，因此必须建立一个中文化电子邮件通信环境，以便使用中文电子邮件的用户能够很好地进行交流，这需要在电子邮件的邮件头中使用 UTF（Unicode Transformation Format，通用转换格式）格式的字符，而这就要求 SMTP 支持 UTF8 编码，以便发送和接收中文电子邮件。

7.2.2 SMTP 扩展支持中文电子邮件地址

需要对 SMTP 进行扩展以支持中文电子邮件地址，该扩展的关键字是 SMTPUTF8，作为 SMTP 扩展，SMTPUTF8 的定义为：

（1）允许在中文电子邮件地址中使用 UTF8 格式的字符串，包括中文电子邮件地址中的本地部分和域名部分。

（2）允许在中文电子邮件地址中有选择地使用 UTF8 格式的中文字符。

（3）要求服务器支持 8 比特的 MIME（8BITMIME）（见 RFC 1652），以及客户端支持 8 比特的传输，这样不用通过特殊的内容传输编码（Content Transfer Encoding）就能够传输邮件头。

（4）提供必要的信息来支持向下兼容机制。

支持中文电子邮件地址的电子邮件系统应遵循以下原则：

（1）中文电子邮件地址可能会进入不同的系统，这些系统可能会对中文电子邮件地址进行字符转换或编码转换。如果中文电子邮件地址的本地部分包含中文，则域名部分不宜使用 Punycode 编码，以保持编码和格式的一致性。

（2）一个 SMTP 中继可以有以下选择：

① 可以通过 SMTPUTF8 来明确表示支持中文电子邮件地址。

② 拒绝发送邮件，然后给发送者返回一个未投递通知信息，这样发送者可以采取其他方法来发送邮件。

③ 如果因为下一跳的系统不支持 SMTPUTF8，而且没有足够的信息可以用来降级，那么必须拒绝或者产生一个未投递信息并发送给发送者。

（3）目前没有一种可行的方法来正确识别 UTF8 格式的字符，允许多种编码的字符不仅容易引起混乱，也不利于电子邮件在世界范围内互联互通，EAI 技术标准规定在电子邮件地址和邮件头禁止使用非 UTF8 格式的字符。

在 SMTP 服务器进行域名查询时，必须以 Punycode 编码的 ACE 格式向域名服务器提交数据。

7.2.3 邮件头支持中文电子邮件地址

传统的电子邮件系统只允许在邮件头中使用 ASCII 字符，EAI 技术标准要求中文电子邮件系统必须在邮件头中使用非 ASCII 字符，这些字符是采用 UTF8 格式的 Unicode 字符（UTF8 格式的字符），通过 UTF8 格式的字符传输邮件头。

允许在邮件头里使用非 ASCII 字符，会影响 SMTP 客户端、SMTP 服务器、电子邮件用户客户端和网关等各种解析及处理电子邮件信息的进程。在 RFC 6531 中规定了用 SMTPUTF8 来阻止非 ASCII 字符的传输，以避免在传输过程中带有邮件头的信息被错误解析。使用 SMTPUTF8 并不能阻止非 ASCII 字符的邮件头信息传输给电子邮件存储系统，如果电子邮件存储系统不支持中文电子邮件地址，可能会无法正确解析中文电子邮件地址，因此要对电子邮件存储系统（对如 POP、IMAP 等）进行更新，以支持中文电子邮件地址。本节的目的是允许非 ASCII 字符在邮件头中传输，并不规定如何将这些信息传输给非中文电子邮件系统。

对邮件头进行的修改如下：

（1）允许邮件头中包含 UTF8 格式的字符。

（2）在 MIME（Multipurpose Internet Mail Extensions，多用途互联网邮件扩展）中增加 message/global 类型。

（3）对邮件头的格式进行扩展，以支持 UTF8 格式。

（4）对追踪头（Trace Field）的格式进行更新。

7.2.4　兼容现有 ASCII 格式的电子邮件系统

由于中文电子邮件系统的出现，互联网上必然也存在非 ASCII 格式的电子邮件系统。对 SMTP 扩展，有可能发生 SMTP 客户端要求一些属性而 SMTP 服务器不支持这些属性的现象。如果一个信封或邮件头包含非 ASCII 字符，那么这封电子邮件就不能发送到不支持 SMTPUTF8 的 SMTP 服务器。对中文电子邮件的发送，需要在电子邮件传输过程中每一个邮件服务器都支持 SMTPUTF8，当其中的个别邮件服务器不支持 SMTPUTF8 时，需要进行退信处理或者利用中文电子邮件地址的别名，即 ASCII 格式的电子邮件地址。

7.2.5　POP 扩展支持中文电子邮件地址

POP3 需要 LANG 功能，允许大多数的响应返回用户可读的文本，但 POP3 规定这些文本必须用 ASCII 字符。LANG 功能允许 POP3 客户端与服务器通过协商来使用什么语言来传递这些文本。为了简化解析，所有的 POP3 服务器都应允许中文字符。根据 POP 的扩展机制，POP3 增加了一个新的能力响应标识符来支持服务器的 SMTP UTF8 功能，包括一个新的命令"UTF8"。

7.2.6　IMAP 扩展支持中文电子邮件地址

现有的 IMAP 禁止在基础字符串或带引号的字符串中使用 8 位字符，不仅需要支持中文电子邮件地址的 IMAP 应扩展支持 UTF8 格式的字符，从而支持 8 位字符，允许使用 RFC 6532 标准中规定的邮件头格式，也要确立一种机制来支持 UTF8 格式的中文电子邮件地址以及登录用户名和密码。IMAP 客户端可以使用 ENABLE 功能来通知 IMAP 服务器可以使用与 SMTP UTF8 相关的机制，具体以 RFC 6855 标准为准。

7.2.7　电子邮件客户端扩展支持中文电子邮件地址

电子邮件客户端是通过和 MSA（Mail Submission Agent，邮件提交代理）的相互作用来收取电子邮件的，收取电子邮件的接口可以直接进入文件系统以及 POP 服务器或 IMAP 服务器。电子邮件客户端提供了用户界面，允许终端用户读取、显示、撰写电子邮件。

支持中文电子邮件地址的电子邮件客户端应具备支持 UTF8 格式字符的能力，应符合《中文电子邮件地址　邮件头格式技术要求》（GB/T 32397—2015）标准中规定的邮件头格式。

支持 SMTPUTF8 的 MUA（Mail User Agent，邮件用户代理）会遇到多种可能性，如电子邮件信封和正文是否包含非 ASCII 字符，以及 MSA 是否支持 SMTPUTF8 等问题。如果 MSA 不支持 SMTPUTF8，则 MUA 不应该发送带有 SMTPUTF8 邮件头，可以采用如下方法来处理：

（1）用 ASCII 格式的电子邮件地址重写邮件头。
（2）拒绝邮件头。
（3）寻找一个能够到达目的地的替代路由，例如，电子邮件客户端与 MSA 通过接口相连 MTA（Mail Transfer Agent，邮件传输代理）。

7.3　中文电子邮件地址的 SMTP 扩展技术要求

7.3.1　SMTP 概述

中文电子邮件地址包括两部分：本地部分和域名部分。互联网协议使用电子邮件地址的方法与使用域名的方法是不同的，最显著的不同是：电子邮件是通过一系列邮件服务器来传输的，而域名是通过域名服务器解析来获得结果的。简单邮件传输协议（Simple Mail Transfer Protocol，SMTP）提供了一种协商机制，电子邮件客户端可以通过这种机制来决定之后的动作。中文电子邮件地址的实现方式不同于中文域名的实现方式，中文域名不能使用协商机制，中文电子邮件地址可以在传输层通过协商机制来实现。本书所述的技术协议是一种基于 MTA 的解决方案，本节主要介绍中文电子邮件地址的 SMTP 扩展。

7.3.2　SMTP 扩展的总体要求

为了支持中文电子邮件地址，需要对现有的 SMTP 和电子邮件地址格式进行更新。下面从 SMTP 服务器来讨论有关技术协议的实现。

为了支持中文电子邮件地址，需要同时处理中文电子邮件地址的域名部分和本地部分。中文电子邮件地址的域名部分可通过 CDNA（见 RFC 3490）得到处理，但仍没有标准来规定如何处理本地部分。

传统电子邮件地址的域名部分只能使用 ASCII 字符（7 位），但对本地部分并没有做过多限制，详见 RFC 2821。为了能够通过 SMTP 服务器传输中文电子邮件地址，需要升级 SMTP 服务器。传统的 SMTP 服务器和电子邮件客户端，以及其他相关的电子邮件系统并不支持中文电子邮件地址，这就需要 SMTPUTF8。RFC 6531 规定了电子邮件传输机制的扩展，以允许电子邮件的信封或邮件头中存在非 ASCII 格式的中文电子邮件地址。

7.3.3　中文电子邮件地址的 SMTP 扩展框架

需要对 SMTP 进行扩展以支持中文电子邮件地址，扩展时要遵循以下 10 条原则：

（1）SMTP 的扩展名称是"邮件地址国际化"或"Internationalized Email"。

（2）与 SMTP 扩展相关的 EHLO 命令不带参数，电子邮件客户端要忽略该命令的任何参数；如果 SMTP 服务器端在 EHLO 的响应中包含 SMTPUTF8，则要实现规定的扩展功能。

（3）将 SMTPUTF8 加入 MAIL 命令时，可确认电子邮件客户端是否支持中文电子邮件地址，并认为所传输的信息包含中文字符。

（4）将 SMTPUTF8 加入 VRFY 和 EXPN 命令时，SMTPUTF8 没有具体的值，它表示 SMTP 客户端可以接收 VRFY 和 EXPN 命令的返回信息包含 UTF8 格式的字符。

（5）SMTP 扩展没有定义其他命令。

（6）如果 SMTP 服务器支持 SMTP 扩展，则必须同时支持 8 比特的 MIME（8BITMIME）扩展。

（7）MAIL 和 RCPT 命令中的 Reverse-path（退信路径）和 Forward-path（转发路径）允许使用 UTF8 格式的电子邮件地址。

（8）需要同时对邮件头进行扩展。

（9）由于增加了 SMTPUTF8，因此 MAIL 命令行的最大长度可以增加 10 个字符。

（10）SMTPUTF8 在邮件提交代理（MSA，见 RFC 4409）中是有效的。

7.3.4　SMTPUTF8 扩展

支持电子邮件地址 SMTPUTF8 扩展的 SMTP 服务器（允许）在电子邮件地址的任何位置使用 UTF8 格式的字符，该字符会按照电子邮件地址格式的规定进行解释。例如，可将电子邮件地址分割为来源路由（Source Route）、本地部分（Local Part）和域名部分（Domain Part），按规定只能使用字符冒号（U+003A）、逗号（U+002C）和@（U+0040）。即使 SMTP 服务器支持电子邮件地址 SMTPUTF8 扩展，也必须符合 RFC 2821 的要求。除了 SMTP 服务器是最终的投递服务器，否则 SMTP 服务器不应解析电子邮件地址的本地部分。对于域名部分的处理，要遵循中文域名相关标准的要求。任何要通过域名服务器查询的域名，如果域名不是全 ASCII 字符，都必须先通过 ToASCII() 函数处理成与中文域名相对应的 ACE 格式，再提交给相应的域名服务器。

如果 SMTP 客户端收到的 EHLO 响应中包含 SMTPUTF8，则可以使用 UTF8 格式的字符来传输中文电子邮件地址，也允许传输邮件头包含 UTF8 格式的字符的中文电子邮件。对于域名部分的字符串，既可以以 ACE 格式进行传输，也可以以 UTF8 格式进行传输。如果 SMTP 客户端将域名部分发送到 MSA，则 MSA 应根据 CDNA 规则检查域名部分的合法性；如果 SMTP 服务器支持中文电子邮件地址 SMTPUTF8，则在中文电子邮件传输过程中任何中间环节的服务器都不能以任何方式解析或试图改变中文电子邮件地址的本地部分。

如果 SMTP 服务器不支持 SMTPUTF8，则 SMTP 客户端不应传输中文电子邮件地址，也不应在中文电子邮件地址中包含《中文电子邮件地址 邮件头格式技术要求》标准中规定的邮件头，此规定适合于 MIME（多用途互联网邮件扩展）结构中的任何层次（注意：以 CDNA 中定义的 ACE 格式的中文域名不在此范围内）。相反，如果 SMTP 客户端（发信人）尝试传输中文电子邮件地址，但遇到了不支持 SMTPUTF8 的 SMTP 服务器，则 SMTP 客户端必须在以下三个选项中选择一个：

（1）RFC 4409 规定的、当且仅当 SMTP 客户端是一个邮件提交代理（MSA），则它可能会对相应的 SMTP 服务器提供一些通用的预防措施，例如，能够重写信封、邮件头或邮件内容来使这些部分变为全部为 ASCII 字符，以符合 RFC 2821 和 RFC 2822 的相关规定。

（2）在 SMTP 服务器中拒绝电子邮件，然后生成并发送一个无法投递的通知，提示要遵守 RFC 2821、RFC 3464 和 RFC 6533 等的相关规定。

（3）找到一个可以到达目的地的、允许中文电子邮件地址 SMTPUTF8 的替代路由，这样的路由可以通过尝试替代的 MX（Mail eXchanger）主机（使用 RFC 2821 的规定）或者通过 SMTP 客户端使用的其他方法来得到。

7.3.5 中文电子邮件地址语法扩展

RFC 2821 规定了 ASCII 格式的电子邮件地址语法，中文电子邮件地址标准进行的扩展如下：

（1）将 sub-domain 的定义修改为允许符合 IDNA（见 RFC 3490）标准的、代表 DNS 标签的 UTF8 格式的字符串。

（2）将 Atom 的定义修改为允许 UTF8 格式的字符串，该字符串不得包含任何在 atext 中不允许的 ASCII 字符（如控制字符或图形字符）。

根据上面的描述，一个中文电子邮件地址应该有如下的 ABNF（Augmented Backus-Naur Form）定义（见 RFC 5234）：

```
uMailbox = uLocal-part "@" uDomain
;替换 RFC 2821 中第 4.1.2 节的 Mailbox 定义

uLocal-part = uDot-string / uQuoted-string
;MAY be case-sensitive
;替换 RFC 2821 中 4.1.2 节的 Local-part 定义

uDot-string = uAtom *("." uAtom)
;替换 RFC 2821 中 4.1.2 节的 Dot-string 定义

uAtom = 1*ucharacter
;替换 RFC 2821 中 4.1.2 节的 Atom 定义

ucharacter = atext / UTF8-non-ascii

atext = <See Section 3.2.4 of RFC 2822>

uQuoted-string = DQUOTE *uqcontent DQUOTE
;替换 RFC 2821 中 4.1.2 节的 Quoted-string 定义

DQUOTE = <See appendix B.1 of RFC 5234>
uqcontent = qcontent / UTF8-non-ascii
qcontent = <See Section 3.2.5 of RFC 2822>

uDomain = (sub-udomain 1*("." sub-udomain)) / address-literal
;替换 RFC 2821 中 4.1.2 节的 Domain 定义

address-literal = <See Section 4.1.2 of RFC 2822>

sub-udomain = uLet-dig [uLdh-str]
;替换 RFC 2821 中 4.1.2 节的 sub-domain 定义

uLet-dig = Let-dig / UTF8-non-ascii

Let-dig = <See Section 4.1.3 of RFC 2821>

uLdh-str = *( ALPHA / DIGIT / "-" / UTF8-non-ascii) uLet-dig
;替换 RFC 2821 中第 4.1.3 节的 Ldh-str 定义

UTF8-non-ascii = UTF8-2 / UTF8-3 / UTF8-4
UTF8-2 = <See Section 4 of RFC 3629>
```

```
UTF8-3 = <See Section 4 of RFC 3629>
UTF8-4 = <See Section 4 of RFC 3629>
```

uDomain 的值应根据中文域名中的定义进行验证，如果验证失败，则带有 uDomain 的中文电子邮件地址不能作为一个有效的电子邮件地址。

7.3.6　MAIL 命令的参数和响应码

RFC 6531 规定禁止将带有中文邮件头的电子邮件发送到不支持 SMTPUTF8 的 SMTP 服务器。如果 SMTP 客户端发送含有中文邮件头的电子邮件，则 SMTP 客户端必须在 MAIL 命令中提供 SMTPUTF8 参数。

RFC 6531 用三位数字表示响应码，其含义与 RFC 2821 中的规定一致。例如，如果电子邮件因 RCPT 命令需要 ASCII 格式的电子邮件地址而被拒绝时，则用响应码 533 表示"出现不允许的电子邮件地址"；如果电子邮件因其他原因而被拒绝，如 MAIL 命令需要 ASCII 格式的电子邮件地址时，则用响应码 550 表示"电子邮件地址不可用"。当服务器支持增强电子邮件系统状态码（见 RFC 3464）时，返回码"X.6.7"（见 RFC 5248）表示"非 ASCII 格式的电子邮件地址，不被允许"，这里使用的 3 比特的返回代码与 RFC 2821 中定义的含义是一致的。

如果响应码产生在 DATA 命令最后的"."之后，则响应码 554 用来表示"传输失败"。当 SMTP 服务器支持增强电子邮件系统状态码时，响应码"X.6.9"（RFC 5248）表示"SMTPUTF8 传输失败，信息必须被退回"。

7.3.7　中文电子邮件正文部分和 SMTP 扩展

MAIL 中的命令参数 SMTPUTF8 可以用来表示一封电子邮件是否为一封含有《中文电子邮件地址　邮件头格式技术要求》标准中规定的中文电子邮件，但该电子邮件仍有可能不是一封中文电子邮件。如果一个 SMTP 服务器需要精确地知道一封电子邮件是否是含有中文邮件头的电子邮件，就需要解析中文电子邮件中所有的邮件头部域和 MIME 头部域。

中文电子邮件地址 SMTPUTF8 扩展规定了 SMTP 服务器必须支持 8 比特的 MIME（8BITMIME）扩展（见 RFC 1652），以确保 SMTP 服务器可以处理 8 位数据并避免更多复杂的编码问题。如果中文电子邮件正文内容符合要求，则中文电子邮件地址 SMTPUTF8 扩展可以与"BODY=8BITMIME"参数一起使用；或者如果 SMTP 服务器广播了 BINARYMIME 并且"BODY=BINARYMIME"参数是合适的，则可以使用中文电子邮件地址 SMTPUTF8 扩展。

假设 SMTP 服务器广播了 SMTPUTF8 和 8 比特的 MIME（8BITMIME），并收到了

至少一个非 ASCII 格式的电子邮件地址，那么关于 MAIL 命令中"No BODY parameter""BODY=8BITMIME""BODY=BINARYMIME"的准确解释是：

（1）如果出现"No BODY parameter"参数，那么邮件头包含 UTF8 格式的字符，但所有的正文内容全部是 ASCII 字符（可能是作为内容传输编码的结果）。

（2）如果出现"BODY=8BITMIME"参数，那么邮件头包含 UTF8 格式的字符，部分或者全部正文内容包含 8 位面向行的数据。

（3）如果出现"BODY=BINARYMIME"参数，那么邮件头包含 UTF8 格式的字符，部分或者全部正文内容包含二进制数据，不受行长度或分隔符的限制。

7.3.8 附加 SMTP 扩展的变化和说明

在传输中文电子邮件的过程中，针对不同的上下文，可在 MAIL 命令、RCPT 命令，以及相应的扩展命令中包含中文电子邮件地址和中文域名。总体规则是：当 RFC 2821 规定了中文电子邮件地址的格式时，则字符串全部使用 UTF8 格式的字符；当 RFC 2821 规定了中文域名的格式时，如果原始的字符串是非 ASCII 格式的，则该中文域名应转换成 ACE 格式的中文域名。

本节将讨论相关的情况。

7.3.8.1 初始 SMTP 交换

当建立一个 SMTP 连接后，在正常情况下，SMTP 服务器会发送由响应码 220 和其他信息组成的 greeting 消息给 SMTP 客户端，SMTP 客户端发送 EHLO 命令。SMTP 客户端通过查询 EHLO 命令的响应中是否有 SMTPUTF8，以确定 SMTP 服务器是否支持 SMTPUTF8。在对话过程或 EHLO 命令的响应中出现的任何域名都必须符合 RFC 1034 关于主机名的规定，例如，中文域名必须是 ACE 格式的。

7.3.8.2 邮件交换（Mail eXchanger）

用户通常会授权多个服务器来接收发送给其的电子邮件，这些经过授权过的服务器会列在 RFC 2821 所描述的 MX 记录中。当这些服务器根据电子邮件地址中的域名部分接收电子邮件时，所有对应同一个域名部分的服务器应选择全部支持或不支持 SMTPUTF8，否则可能会引起意外的向下兼容，导致临时性的错误，用户有可能将之当成严重的可靠性问题。

7.3.8.3 Trace 消息

当 SMTP 服务器在投递电子邮件或者对电子邮件进行更多处理时，必须在电子邮件的开始部分插入 Trace 消息（如"Time stamp"或"Received"）。"Time stamp"或"Received"出现在 Received 行中，该行的主要用处是诊断电子邮件的错误。当 SMTP 服务器发送"最后投递"消息时，会在电子邮件的开始部分插入 Return-path 行，其主要目的是指定一个电子邮件地址作为当电子邮件未成功投递或发生其他错误时的目标地址。对于 Trace 消息，EAI 规定在利用 SMTPUTF8 传输电子邮件时，涉及域名部分的 Trace 信息可以使用 UTF8 格式来表示，其他情况则必须使用 ASCII 或 ACE 格式来表示。

7.3.8.4 响应信息中的 UTF8 格式的字符串

（1）MAIL 命令。如果 SMTP 客户端发送包含了 SMTPUTF8 的 MAIL 命令，则表示 SMTP 服务器允许在电子邮件地址中使用与响应码 251 和 551 相关的 UTF8 格式的字符串。如果 SMTP 客户端遵照此规定，在发送包含 SMTPUTF8 的 MAIL 命令时，则必须能够接收和处理包含 UTF8 格式的电子邮件地址的响应码 251 或 551。如果发送的 MAIL 命令不包含 SMTPUTF8，则 SMTP 服务器不应返回包含非 ASCII 格式的电子邮件地址的响应码 251 或 551；否则，它必须将响应码转换为不包含非 ASCII 格式的电子邮件地址的响应码 250 或 550。

（2）VRFY 命令、EXPN 命令以及 SMTPUTF8。如果 VRFY 命令、EXPN 命令以及 SMTPUTF8 一起传输，则表示 SMTP 客户端可以接收在这些命令响应中包含的 UTF8 格式的字符串，在 SMTP 服务器响应消息时，可以在电子邮件地址中使用 UTF8 格式的字符串而无须担心 SMTP 客户端可能会发生混淆。一个符合此规定的 SMTP 客户端必须能接收并正确处理包含 UTF8 格式的字符串的 VRFY 和 EXPN 命令响应。如果 SMTP 客户端没有特别指定允许在传输 SMTPUTF8 时允许此类响应，那么 SMTP 服务器就不应在响应中使用 UTF8 格式的字符串。大多数响应并不要求在响应文本中包含一个电子邮件地址，因此 UTF8 格式的字符串不是必需的。一些响应，尤其是成功执行 VRFY 命令和 EXPN 命令后的响应，通常需要包含电子邮件地址，这使得本部分的规定十分重要。

新的 VRFY 和 EXPN 命令的语法如下：

```
"VRFY" SP (uLocal-part / uMailbox) [SP "SMTPUTF8"] CRLF
"EXPN" SP (uLocal-part / uMailbox) [SP "SMTPUTF8"] CRLF
```

如果对 VRFY 或者 EXPN 命令的响应需要使用 UTF8 格式的字符串，但 SMTP 客户端不支持 SMTPUTF8，那么 SMTP 服务器就必须使用响应码 252 或 550。响应码 252 在 RFC 2821 中表示"不能认证用户，但是会接收此消息，尝试投递"；响应码 550 在 RFC 2821 中表示"请求的行为没有被执行：邮箱不存在"。当 SMTP 服务器支持增强电子邮件系统状态码（见 RFC 3463）时，与 VRFY 或者 EXPN 命令一起使用 SMTPUTF8 使得该命令的响应中仅能使用 UTF8 格式的字符串。

如果返回了一个成功响应码，如 250，则该响应可能包含用户名，必须包含电子邮件地址，必须使用以下格式：

```
User Name <uMailbox>
;用户名可使用非 ASCII 字符
uMailbox
```

如果 SMTP 服务器的命令响令需要 UTF8 格式的字符串，但 SMTP 客户端不允许使用 UTF8 格式的字符串，则 SMTP 服务器需要支持增强电子邮件系统状态码，其状态码是 X.6.8（见 RFC 5248），表示"一个包含了 UTF8 格式的字符串响应显示电子邮件地址，但 SMTP 客户端不允许此种格式的响应"。

如果 SMTP 客户端不支持 SMTPUTF8，但接收到的响应含有 UTF8 格式的字符串，则某些客户端可能不会将此响应发送给用户，而某些客户端可能会崩溃。响应中的 UTF8 格式的字符串仅仅在上面讨论的情况下的命令中使用，在其他情况下不应在响应中出现 UTF8 格式的字符串。

7.3.9 中文电子邮件地址的注册和使用

当 SMTP 服务器作为最终接收电子邮件的服务器时，通常会为每个用户分配电子邮件账号，这些账号一般会作为电子邮件地址的本地部分。当中文电子邮件地址中含有中文字符时，由于中文字符存在变体，同一个字符可能有多种表示方式，这可能会导致某些中文字符可能被认为是同一个字符，但在计算机使用的字符集中，同一个概念上的字符是通过几个不同的码位来识别的。外形相同的字符，或者具有相同或相似语义却被分配了不同码位的字符，有可能会使用户产生混淆。

为了防止混淆和钓鱼行为，在注册和使用中文电子邮件地址（中文邮箱）时有必要采取相应的措施使中文电子邮件地址本地部分的简体、繁体（变体）等字体在收发邮件时候是等效的。对于每个成功注册的中文电子邮件地址（中文邮箱），建议根据中文变体对照表生成一个 local-part 包，local-part 包内的所有字段归同一个电子邮件注册人所有。

7.4 中文电子邮件邮件头的格式扩展技术要求

7.4.1 电子邮件协议概述

很多时候，电子邮件地址往往代表了人名，仅使用 ASCII 字符往往无法表达非英文国家的名字，这些国家的用户更倾向于在发送和接收邮件时，在名字和邮件标题中使用非 ASCII 字符，这时就需要使用 UTF8 作为邮件头的编码标准。

电子邮件消息（见 RFC 2822）的传统格式规定在邮件头中使用 ASCII 字符，禁止在普通名字、注释和自由文本（如电子邮件标题域）中使用非 ASCII 字符。EAI 允许在电子邮件的邮件头中使用非 ASCII 字符，这会影响 SMTP 客户端、SMTP 服务器、MUA（Mail User Agent，邮件用户代理）、控制列表、网关，以及其他有关解析或处理邮件消息的各个方面。

RFC 6531 通过 SMTPUTF8 用来声明 SMTP 服务器是否支持 SMTP 扩展，用来防止将带 UTF8 格式邮件头的电子邮件发送到无法处理 UTF8 格式字符的电子邮件系统。此外，使用 SMTP 扩展有助于防止电子邮件被存储系统不正确地解析、显示和分割。需要注意的是，使用 SMTP 扩展并不能阻止将带 UTF8 格式邮件头的电子邮件传输到不支持 POP 和 IMAP 扩展的服务器上。

RFC 6532 的目标是允许在邮件头中使用 UTF8 格式的字符。

7.4.2 邮件头格式扩展技术的总体要求

EAI 要求更新现有的电子邮件格式，以便允许中文电子邮件的显示和传输。下面从电子邮件的邮件头来论述具体的实现。

一旦 SMTP 服务器声明了支持 SMTP 扩展，或者在其他传输机制允许的情况下，SMTP 客户端就可以对电子邮件的邮件头进行 UTF8 格式的编码。此规定并不能改变 RFC 2822 中定义邮件头名字的规则，邮件头的字段内容允许包含 UTF8 格式的字符，但邮件头名字本身还只能使用 ASCII 字符。

为了允许在邮件头中使用 UTF8 格式的字符，需要对 RFC 2822 中的邮件头定义进行扩充，以支持新格式。下面用 ABNF 规范来代替 RFC 2822 中的相关定义，未涉及的部分仍采用原来的定义。

7.4.3 UTF8 的语法规范

UTF8 格式的字符可以用 ABNF（Augmented Backus-Naur Form，见 RFC 5234）通过字节（8 位的字节）来定义（见 RFC 3629），例如：

```
UTF8-non-ascii = UTF8-2 / UTF8-3 / UTF8-4
UTF8-2 = %xC2-DF UTF8-tail
UTF8-3 = %xE0 %xA0-BF UTF8-tail /
         %xE1-EC 2(UTF8-tail) /
         %xED %x80-9F UTF8-tail /
         %xEE-EF 2(UTF8-tail)
UTF8-4 = %xF0 %x90-BF 2( UTF8-tail ) /
```

```
            %xF1-F3 3( UTF8-tail ) /
            %xF4 %x80-8F 2( UTF8-tail )
UTF8-tail = %x80-BF
```

7.4.4　MIME 邮件头的变化

传统电子邮件的邮件头禁止 message/global 类型使用内容传输编码（Content Transfer Encoding，CTE），而国际化电子邮件的邮件头既允许新定义的 MIME 类型使用内容传输编码，也允许 message/global 类型使用内容传输编码。

在正常情况下，message/global 类型是以 8 比特为单位进行传输的，正文部分具有"身份"编码作用，这意味着解码不是必需的。如果遇到包含 message/global 类型的消息经过了兼容性处理，如同 RFC 1652 所述，从 8 比特降级为 7 比特，则可能需要对该类型的消息进行编码；如果该类型的消息多次经过 7 比特环境和支持 SMTPUTF8 的环境，则需要进行多层次的编码，这种情况在实际应用中应极少出现，使用其他处理方法比多层次（嵌套）编码方法的复杂性更大。

7.4.5　RFC 2822 的扩展语法

以下语法扩展了 RFC 2822 中相应的规则，允许使用 UTF8 格式的字符。

```
VCHAR = /UTF8-non-ascii
ctext = /UTF8-non-ascii
atext = /UTF8-non-ascii
qtext = /UTF8-non-ascii
text  = /UTF8-non-ascii
dtext = /UTF8-non-ascii
```

建立在上述语法基础上的结构都允许 UTF8 格式的字符，包括注释和引号字符。为了允许在"message-id"中使用 UTF8 格式的字符，就需要增加"utf8-atext"。

```
utf8-text = %d1-9 /
            %d11-12 /
            %d14-127 /
            UTF8-non-ascii

utf8-quoted-pair = ("\" utf8-text) / obs-qp
utf8-qcontent = utf8-qtext / utf8-quoted-pair
utf8-quoted-string = [CFWS]
                     DQUOTE *([FWS] utf8-qcontent) [FWS] DQUOTE
                     [CFWS]
```

```
utf8-ccontent = ctext / utf8-quoted-pair / comment
utf8-qtext = qtext / UTF8-non-ascii

utf8-atext = ALPHA / DIGIT /
            "!" / "#" /  ;所有字符，除了控制字符
            "$" / "%" /  ;SP 和特殊字符
            "&" / "'" /
            "*" / "+" /
            "-" / "/" /
            "=" / "?" /
            "^" / "_" /
            "`" / "{" /
            "|" / "}" /
            "~" /
            UTF8-xtra-char
utf8-atom = [CFWS] 1*utf8-atext [CFWS]
utf8-dot-atom = [CFWS] utf8-dot-atom-text [CFWS]
utf8-dot-atom-text = 1*utf8-atext *("." 1*utf8-atext)
qcontent = utf8-qcontent
```

为了能够在内容描述（Content-Description）头部域中（见 RFC 2045）使用 UTF8 格式的字符，应使用以下语法扩展：

```
description = "Content-Description:" unstructured CRLF
```

上面的语法扩展旨在允许在"unstructured"头部域中使用 UTF8 格式的字符。

虽然进行了部分语法扩展，但要注意的是，这并没有删除任何关于协议元素字符集的限制。例如，"Date"中时区的允许值，电子邮件的邮件头名称仍使用 ASCII 字符来表示。

7.4.6　新增的 message/global 类型简介

如果一封电子邮件的邮件头包含 UTF8 格式的字符或者电子邮件的正文部分包含 UTF8 格式的字符，则这封电子邮件被定义为 message/global 类型的电子邮件。

message/global 类型类似于 message/rfc822 类型，不同的是，电子邮件里可以在邮件头或正文部分中使用 UTF8 格式的字符。如果将 message/global 类型的电子邮件发送给只支持 7 比特的电子邮件系统，则必须按照 RFC 2045 的规定进行编码。要注意的是，与 MIME 类型兼容但不能识别 message/global 类型的电子邮件系统，会把该电子邮件当成 RFC 2046 第 5.2.4 节中所描述的 application/octet-stream 类型来处理。

另一种选择是，SMTP 服务器或者其他传输 message/global 类型电子邮件正文部分的电子邮件系统，可以把电子邮件向下转换成 message/rfc822 类型，称为向下兼容。

（1）类型名：message。

（2）子类型名：global。

（3）必需的参数：无。

（4）可选的参数：无。

（5）编码考虑：可以使用任意的内容传输编码。

（6）8 比特或二进制内容传输编码在允许的地方优先使用。

（7）互操作考虑：国际化电子邮件中 message/global 类型的功能和普通电子邮件中 message/rfc822 类型的功能类似。当电子邮件中需要使用 UTF8 格式的字符时，可以使用 message/global 类型，而不用改变其内容或向下转换成 message/rfc822 类型。如果某个电子邮件系统不能识别国际化电子邮件的邮件头，则该系统会将 message/global 类型当成未知附件来处理，因为该系统只能识别 message/rfc822 类型。但如果某个电子邮件系统可以识别 message/global 类型，则该系统将优先采用 message/rfc822 类型进行向下兼容的方法。如何进行互操作取决于电子邮件系统部署的软件。

（8）message/global 类型的应用：SMTP 服务器或者 SMTP 客户端要么支持产生 multipart/report，要么将国际化电子邮件的邮件头当成附件转发给 SMTP 客户端。

7.4.7 邮件头格式扩展技术的安全考虑

由于 UTF8 是使用 8 比特来对一个字符进行编码的，因此国际化电子邮件地址的本地部分将会变得更长。根据 RFC 2822 的规定，每行字符串不得超过 998 个 8 比特的字节（不包含回车键）。由于国际化电子邮件地址的本地部分变长了，因此在解析、存储和处理国际化电子邮件地址时要注意避免缓冲区溢出、地址截断或超出存储分配的错误。当然，在国际化电子邮件地址本地部分比较长时，也要注意电子邮件地址的全部长度。

7.5 中文电子邮件地址的 POP 扩展技术要求

7.5.1 POP 扩展技术的总体要求

在实际使用中，可根据邮局协议 3（Post Office Protocol Version3，POP3）扩展机制（见 RFC 2449）对 POP3 进行扩展，从而允许电子邮件的邮件头使用 UTF8 格式的字符。RFC 2449 同时增加了支持非 ASCII 格式的用户名和密码的机制，以及支持使用适合用户的语言来表示协议层错误信息的机制。

向下兼容指将包含 UTF8 格式的邮件头或 8 比特内容传输编码（详见 MIME，RFC 2045）的电子邮件转换成符合非 ASCII 格式的，以及其他 7 比特编码邮件头扩展的 7 比特网络消息格式的过程。向下兼容可参考国际化电子邮件向下兼容机制（见 RFC 6857 和 RFC 6858）。

EAI 要求更新现有的 POP3，以支持中文电子邮件的收取。下面从 POP3 服务器和 POP3 客户端来分析 POP 扩展技术的具体实现。

7.5.2　LANG 能力

根据 POP3 扩展机制，EAI 增加了一个新的能力，即 LANG 能力来支持新的标识符和命令。LANG 能力的标识符和命令描述如下所示：

（1）CAPA 标签：LANG。

（2）CAPA 标签参数：无。

（3）新增命令：LANG。

（4）受影响的标准命令：全部。

（5）本命令的有效状态为：AUTHENTICATION、TRANSACTION。

POP3 服务器的响应"+OK""-ERR"通常包含可读文本，POP3 规定这些可读文本只能使用 ASCII 字符来表示。LANG 能力允许 POP3 客户端与 POP3 服务器协商使用某种语言来发送可读文本。

支持 LANG 能力扩展的 POP3 服务器必须使用 RFC 2277 中定义的 i-default 语言作为默认语言，直到 POP3 客户端与 POP3 服务器协商了另外一种 POP3 服务器支持的语言为止。POP3 服务器支持的语言中必须包含 i-default 语言。

LANG 能力要求"+OK""-ERR"响应中的可读文本使用一种 POP3 服务器支持的语言来表示。如果命令成功，则 POP3 服务器返回一个响应，该响应依次由"+OK"、一个空格、选择的语言标识符、一个空格、所选语言表示的可读文本构成。协议层的可读文本使用 UTF8 格式的字符。

如果命令失败，则 POP3 服务器返回一个包含"-ERR"，以及所用语言（默认是 i-default 语言）描述的可读文本的响应。

"*"是特殊的语言范围参数，用于请求使用 POP3 服务器管理员指定的语言。对于不同的用户，POP3 服务器管理员可以指定不同的语言。

如果命令没有参数且 POP3 服务器向 POP3 客户端发送了一个肯定响应，则该响应由多行构成，响应的第一行是"+OK"，其后每行都含有一种 POP3 服务器支持语言的语言标识符，称为语言列表。

为了简化分析，要求所有的 POP3 服务器使用特定的格式来表示语言列表。一个语言列表由消息的语言标识符（见 RFC 4646），以及其后可选的、由一个空格和使用这种语言描述的 UTF8 格式的可读文本构成。

7.5.3 UTF8 能力

根据 POP3 扩展机制，RFC 6856 增加了一个新的能力，即 UTF8 能力，来支持新的 POP3 服务器功能和命令。UTF8 能力的标识符和命令描述如下所示：

（1）CAPA 标签：UTF8。
（2）CAPA 标签参数：USER。
（3）新增命令：UTF8。
（4）受影响的标准命令：USER、PASS、APOP、LIST、TOP、RETR。
（5）本命令的有效状态为 AUTHORIZATION。

UTF8 能力的 UTF8 命令可以将会话从 ASCII 模式切换到 UTF8 模式。

7.5.3.1 UTF8 命令

UTF8 命令可以启用 UTF8 模式，可以在本地以 UTF8 模式或 ASCII 模式来存储电子邮件，UTF8 模式不会影响 ASCII 模式的电子邮件。在 UTF8 模式下可以在本地存储 ASCII 模式的电子邮件、使用国际化电子邮件邮件头的电子邮件，以及在 MIME 中定义的 8 比特内容传输编码的电子邮件。在 UTF8 模式下，UTF8 模式和 ASCII 模式的电子邮件可以被直接发送到 POP3 客户端，无须进行向下兼容的处理。在非 UTF8 模式下，本地存储的 UTF8 模式电子邮件必须进行向下兼容的处理，以符合未扩展 POP3 的格式和互联网消息的格式。

在 LIST 命令的响应中，消息所包含的 8 位组（8 比特的字节）数量应当与 POP3 服务器在 RETR 命令响应中 8 位组数量（通常是准确的数量）一致。对于其他命令的响应，如 STAT 命令，在命令的响应中，"+OK" 后包含非标准、自由格式的文本，这时就不需要准确的 8 位组数量，但最好使用准确的 8 位组数量。

电子邮件存储（Mail Storage，MS）通常采用 ASCII 模式或 UTF8 模式，当电子邮件采用 UTF8 模式且 POP3 客户端没有发送 UTF8 命令时，POP3 服务器必须对电子邮件进行向下兼容的处理。对于向下兼容，POP3 服务器可以采取多种策略，例如何时进行向下兼容、是否缓存或保存消息的向下兼容形式、是否计算或保留向下兼容后电子邮件的大小值。

如果 POP3 服务器并不需要立刻使用向下兼容后电子邮件的准确大小值，则可以估算这个值。POP3 服务器通常在浏览列表中标明的电子邮件大小值（但存在大量电子邮件时可能会产生问题），如果 POP3 服务器采用估算的电子邮件大小值，且浏览列表中标明的电子邮件大小值小于其实际值，则可能会对某些 POP3 客户端产生影响，因此建议 POP3

服务器报告准确的电子邮件大小值。如果无法报告准确的电子邮件大小值，则一个较大的估算值通常会好于一个较小的估算值。某些 POP3 服务器会在 RETR 或 TOP 命令的响应"+OK"后给出准确的电子邮件大小值。POP3 客户端可以根据准确的电子邮件大小值来判断是否已经接收了全部的电子邮件。

POP3 客户端不能在发送 UTF8 命令后发送 STLS 命令，在成功发送 UTF8 命令后发送的 STLS 命令，POP3 服务器可能会强制使用"-ERR"来拒绝发送 STLS 命令。

7.5.3.2 UTF8 能力中的 USER 参数

如果 UTF8 能力中包含 USER 参数，则表示 POP3 服务器可以接收 UTF8 格式的用户名和密码，这时应对 USER 和 PASS 参数使用 SASLprep（见 RFC 4013），支持 APOP（Authentication Post Office Protocol）且允许在用户名和密码中使用 UTF8 格式字符的 POP3 客户端或 POP3 服务器必须对用于计算 APOP 摘要的用户名和密码使用 SASLprep。

当使用 SASLprep 时，POP3 服务器必须拒绝含有 SASLprep 中列出 Unicode 格式字符的用户名和密码。当对 USER 参数、PASS 参数或 APOP 用户名使用 SASLprep 时，规范化的 POP3 服务器或 POP3 客户端必须把它们看成查询字符串；当对 APOP 密码使用 SASLprep 时，规范化的 POP3 服务器或 POP3 客户端必须把其看成存储字符串。

POP3 客户端没有必要在使用 UTF8 认证前发送 UTF8 命令，除非在 UTF8 能力响应中包含 USER 参数，否则 POP3 客户端不能在 USER 参数、PASS 参数或 APOP 中包含 UTF8 格式的字符。POP3 服务器必须拒绝没有遵循 UTF8 格式（见 RFC 3629）的用户名和密码。在 AUTH 命令中使用 UTF8 由 POP3 SASL 机制控制。

7.5.3.3 UTF8 响应码

国际化邮局协议（POP）增加了一个 UTF8 响应码，该响应码的格式和使用方式如下所示：

（1）完全响应码：UTF8。
（2）在响应"-ERR"中有效。
（3）在命令 LIST、TOP、RETR 中有效。

UTF8 响应码的具体含义是：POP3 客户端需要接收 UTF8 格式的字符，当 POP3 服务器不在 UTF8 模式时则返回 UTF8 响应码；在 POP3 服务器进入 UTF8 模式后，POP3 客户端可以重新发送请求命令。

7.5.4 本地 UTF8 邮箱

当 POP3 服务器使用本地 UTF8 邮箱且在非 UTF8 模式时，POP3 服务器应遵循 POP3

标准（见 RFC 1939）和互联网邮件格式标准（见 RFC 5322）。

当中文电子邮件地址中含有中文字符时，由于中文字符存在着变体，因此建议对于每个成功注册的中文电子邮件地址的本地 UTF8 邮箱，根据中文变体对照表来生成一个本地的 local-part 包。local-part 包内的字段归同一个中文电子邮件地址注册人所有。

7.6 中文电子邮件地址的 IMAP 扩展技术要求

7.6.1 IMAP 扩展技术的总体要求

根据 IMAP（Interactive Mail Access Protocol，交互式邮件存取协议）的扩展机制（见 RFC 3501）对 IMAP 进行扩展，从而允许使用包含 UTF8 格式字符的国际化电子邮件的邮件头。EAI 默认工作在完全支持国际化字符的 Unicode 环境中。

RFC 6855 要求更新现有的 IMAP，以实现对中文电子邮件的收取。本节将从 IMAP 服务器和客户端来分析 IMAP 扩展技术的具体实现。

7.6.2 "UTF8=ACCEPT" 能力

"UTF8=ACCEPT" 能力表明 IMAP 服务器支持 UTF8 格式的字符，以及 SELECT 和 EXAMINE 命令中 UTF8 格式的参数、LIST 和 LSUB 命令中 UTF8 格式的响应。

IMAP 客户端必须使用 "ENABLE UTF8=ACCEPT" 命令，向 IMAP 服务器表明 IMAP 客户端可以接收 UTF8 格式的字符，该命令只能在认证后使用。

如果 IMAP 服务器支持 "UTF8=ACCEPT" 能力，那么 IMAP 客户端就可以使用引用格式语法来发送任何带参数的字符串。如果非 ASCII 字符被用于不合适的位置，那么结果将与语法有效但语义无效的字符相同。

所有支持 "UTF8=ACCEPT" 能力的 IMAP 服务器应当接收 UTF8 格式的用户名，用户名必须遵守 Net-Unicode 定义，并禁止包含控制字符（U+0000~U+001F 和 U+0080~U+009F）、删除符（U+007F）、行分隔符（U+2028）或段分隔符（U+2029）。

IMAP 客户端禁止发出使用字符集参数但字符集不是 UTF8 格式的 "SEARCH" 命令。如果 IMAP 服务器接收到这样的命令，则应当使用 "BAD" 响应来拒绝该命令（因为字符集标号的冲突），因此 EAI 规定在使用 "SEARCH" 命令时不允许携带字符集参数。

7.6.3 "UTF8=APPEND" 能力

如果 IMAP 服务器支持 "UTF8=APPEND" 能力，则可以在 "APPEND" 命令中使用 UTF8 格式的邮件头。当 IMAP 客户端发送一个带 UTF8 格式邮件头的电子邮件到 IMAP

服务器时，必须使用 APPEND 数据扩展。

如果 IMAP 服务器也支持 CATENATE 数据扩展（见 RFC 4469），则 IMAP 客户端可以使用相同的数据扩展。APPEND 数据扩展和 CATENATE 数据扩展的 ABNF 范式如下所示：

```
utf8-literal   = "UTF8" SP "(" literal8 ")"
append-data    =/ utf8-literal
cat-part       =/ utf8-literal
```

如果 IMAP 服务器不支持 "UTF8=APPEND" 能力，则应使用 "NO" 响应，以拒绝使用 UTF8 格式的邮件头。

7.6.4 LOGIN 命令

EAI 没有对 LOGIN 命令（见 RFC 3501）进行扩展，因此不支持 UTF8 格式的用户名和密码。当需要使用 UTF8 格式的用户名和密码时，必须使用 AUTHENTICATE 命令，该命令可以支持 UTF8 格式的用户名和密码。虽然使用 AUTHENTICATE 命令能够支持 UTF8 格式的用户名和密码，但不能保证用户配置系统能够支持 UTF8 格式的用户名和密码。

7.6.5 "UTF8=ONLY" 能力

"UTF8=ONLY" 能力表明 IMAP 服务器支持 "UTF8=ACCEPT" 能力，支持从 IMAP 客户端发送的 UTF8 格式的字符。注意，这仅表示 IMAP 服务器将支持 UTF8 格式的字符，并不支持 UTF7 格式（见 RFC 3501）的字符。对于 IMAP 客户端，在使用 "UTF8=ONLY" 之前必须使用 "ENABLE UTF8=ACCEPT"。

7.6.6 与传统 IMAP 客户端的交互

在大多数情况下，IMAP 服务器不可能知道访问它的 IMAP 客户端的具体情况，因此 IMAP 服务器应该做好与各种 IMAP 客户端交互的准备。不管这些 IMAP 客户端是否支持 UTF8 能力，当需要 UTF8 能力但 IMAP 客户端不支持 UTF8 能力时，需要根据 RFC 6857 中的规定来进行处理。

第 8 章
域名系统安全扩展技术

8.1 域名系统安全技术的发展背景

在互联网的发展与应用过程中,人们发现域名系统(DNS)存在一些漏洞,带来了安全方面的隐患,因此引入了一种称为域名系统安全扩展(Domain Name System Security Extensions,DNSSEC)技术来保护域名系统及其相关应用的安全。

电子邮件系统的基础是 SMTP,SMTP 是发送和中继电子邮件的互联网标准。初期的 SMTP 不支持邮件加密、完整性校验和发件人身份验证,由于这些缺陷,发送的电子邮件可能会在网络传输中被监听者截取,从而导致隐私泄漏。为了解决这些安全问题,应对日益复杂的网络环境,IETF 开发了很多电子邮件的安全扩展协议,目前最新开发的是域名实体认证(DANE)协议,它结合域名安全扩展技术,可以弥补电子邮件存在的安全缺陷。

ICANN 在全球积极推进 DNSSEC 的部署,2010 年 7 月,ICANN 正式用 DNSSEC 签署根域。为了更好地管理根密钥,ICANN 制订了根密钥管理计划,该计划在全球选择信任社群代表(Trusted Community Representative,TCR)来负责生成并管理根密钥。

ICANN 一共选择了 21 名 TCR 和一些后备 TCR,所有的候选人均是来自互联网社群的个人,其中 14 名 TCR 是 CO(Crypto Officer),美国东西海岸各 7 名,负责参与生成根密钥,另 7 名 TCR 是 RKSH(Recovery Key Share Holder),负责 HSM(Hardware Security Module)内容的备份和管理,用于在紧急状态时恢复 HSM 工作状态。来自 CNNIC 的姚健康博士以中国技术研究人员的身份被选为 7 名 RKSH 之一。

ICANN 有两套完全相同的 HSM,分别放在美国东西海岸,用于根密钥的生成,启动 HSM 的密钥由 CO 保管。根密钥生成仪式轮流在美国东西海岸进行。如果 HSM 出现问题或根密钥出现紧急情况,需要 RKSH 赴美恢复 HSM。根据 ICANN 制订的根密钥管理计划,没有 TCR 的参与,ICANN 是无法生成根密钥的。

通过 TCR 参与生成和管理根密钥,可以使根密钥的生成和管理变得更加透明,形成了全球参与根密钥生成和管理的局面。

ICANN 的第一次根密钥生成仪式会议于 2010 年 6 月 16 日至 6 月 17 日在美国弗吉尼亚州的 Culpeper 召开，姚健康博士以中国技术研究人员的身份参会。这次在 Culpeper 举行的仪式是根密钥生成的东海岸仪式，由东海岸的 7 名 CO 和 7 名 RKSH 参加，参与仪式的其他主要人员有 ICANN 的工作人员和 VeriSign 的工作人员。

作为 TCR 的 Vint Cerf 非常认真地参与了整个过程，他把此次根密钥生成仪式的意义比作 WWW 万维网的产生，将使互联网更加可信安全。ICANN 随后在其主页上公布了此次生成根密钥的消息，称来自十几个国家的志愿者见证了根密钥的生成。作为 TCR 之一、时任 IETF IAB 主席的 Olaf 称 2010 年 6 月 16 日是非常重要的一天，IETF 技术人员的努力终于有了结果。

ICANN 的第一次根密钥生成仪式后，互联网顶级域的根密钥也在 2010 年 6 月 16 日这天正式生成。2016 年 ICANN 开始进行根密钥的更新工作，在全球积极推进从各个 DNS 解析器中把 2010 年的根密钥逐步更新为最新根密钥的工作。ICANN 在 2018 年 10 月正式宣布，根密钥的首次更新工作获得成功。

8.2 域名系统面临的安全威胁

8.2.1 域名系统安全技术的发展需求

互联网已对人类的生产、生活，甚至整个社会都产生了深刻的影响。但由于目前互联网体系结构存在的固有缺陷，互联网在安全性和稳定性方面正面临前所未有的严峻挑战，已成为互联网发展和应用的主要瓶颈及问题之一。域名系统（DNS）是一种将域名映射为某些预定义类型资源记录（如 IP 地址）的分布式互联网服务系统，作为一种互联网应用层的资源寻址服务，域名服务是其他互联网服务的基础，常见的互联网服务，如 Web 服务、电子邮件服务、文件传输服务等，均以 DNS 为基础，以实现对互联网资源的寻址和定位。

初期的 DNS 协议是一种分布式轻量级协议，它不能对服务数据内容提供安全保证。DNS 的数据在互联网上是以明文的形式传输的，在传输过程中很容易遭到劫持或篡改。由于 DNS 协议本身不提供数据内容的完整性保护机制，因此接收方无法判别接收到的数据是否被篡改，以及数据来源是否正确。此外，DNS 协议的实现通常以 UDP 为基础，缺乏通信的可靠性保证，这进一步加大了数据被篡改或伪造的可能性。例如，广受互联网界关注的 Kaminsky 漏洞，就是利用 DNS 协议的自身安全缺陷来伪造 DNS 的请求及响应数据包的，造成递归服务器缓存并向外应答错误的 DNS 数据（即所谓的 DNS 缓存中毒）。因此，IETF DNS 工作组正在积极探索利用安全技术加固 DNS 协议，提出了域名系统安全扩展（DNSSEC）技术。

IETF 最早组织的关于 DNSSEC 的工作是 1993 年 11 月在休斯顿召开的第 28 届 IETF 会议上 DNS 工作组成员组织的开放式设计团队会议。会上，技术专家 Jim Galvin 明确阐述了 DNSSEC 的概况，一些与会者对防止向未经授权方披露 DNS 数据的保护感兴趣，设计团队会议做出一项明确决策，即 DNS 数据是公开数据，并明确规定数据披露的威胁超出了 DNSSEC 的范围。另外一些与会者关心如何将 DNS 用户及服务器的认证作为访问控制的基础，但这项工作也超出了 DNSSEC 的范围。

8.2.2 域名系统面临的已知威胁

DNS 存在不同的威胁，大多数威胁是互联网中普遍存在的威胁，但也有专门针对 DNS 协议的威胁。

8.2.2.1 数据包拦截

DNS 面临的最简单的威胁包括各种形式的数据包拦截，如中间人攻击、对请求的窃听、欺骗响应及它们相应的组合。在这些威胁中，攻击者可以将攻击者希望各方信以为真的数据告知任何一方（通常为解析器）。尽管数据包拦截并非 DNS 特有的威胁，但如果 DNS 在一个未签名、未加密 UDP 数据包中发送整个查询或响应，则会使攻击者特别容易进行数据包拦截。更为复杂的是，攻击者所拦截的 DNS 查询可能只是攻击者为达到某种目的而采取的一种方式，攻击者甚至可以在响应中的应答部分返回正确的结果，而同时通过响应的其他部分作为实现某些更复杂目的的手段，如名字链攻击。

通过事务签名（Transaction Signatures，TSIG）或 IPSEC 等安全机制对 DNS 报文进行签名或加密可防止数据包拦截攻击，但这不是最佳的解决方案，这种方式会给 DNS 报文带来较高的处理成本，还可能涉及任何特定查询的所有各方之间的双边信任关系，对于使用频率非常高的域名服务器（如根服务器），处理成本是非常高的。另外，这种方式中的基础信任模型有可能是错误的，因为在最好的情况下也只能提供关于 DNS 报文的逐跳完整性检查，而无法提供 DNS 数据生成者（DNS 区域管理员）和 DNS 数据使用者（触发查询的应用程序）之间的端到端完整性检查。DNSSEC 技术（在正常使用情况下）能够提供数据端到端完整性检查，并且是在 DNS 查询过程中进行检查的，因此是防止数据包拦截攻击的更好的解决方案。

在 DNS 协议中，特定用户及特定服务器之间存在特定信任关系，例如，区域传输和动态更新就不会检查 DNSSEC 签名的解析器［包括根解析器（Stub Resolver）或其他解析器］。注意：DNSSEC 技术不提供防止对 DNS 报文进行修改的保护，因此解析器必须独立执行所有 DNSSEC 签名检查，使用 TSIG（或某些等同机制）确保与域名服务器通信的完整性,针对数据包拦截(以及下面讨论之其他技术)攻击进行重新签名。

8.2.2.2 ID 字段猜测及查询预测

DNS 是以 UDP/IP 为基础的,对于攻击者而言,生成与传输协议参数相匹配的数据包是比较容易的。DNS 报头中的 ID 字段是一个 16 位的字段,与 DNS 相关的服务器 UDP 端口也是一个 16 位的数值,因此某一 ID 字段和服务器的 UDP 端口仅有 2^{32} 个可能的组合,这并非一个特别大的范围,不足以防止穷尽搜索。

另外,在实际应用中,可以通过先期流量来猜测 ID 字段和服务器的 UDP 端口,由于服务器的 UDP 端口通常是固定的(由于防火墙或其他限制),因此穷尽搜索的范围是 2^{16}。

就 ID 字段本身而言,它不足以防止攻击者注入伪造数据,但结合解析器正在查询的 QNAME 及 QTYPE 的信息(或猜测这些信息),就可以使解析器防止攻击者注入伪造数据。由于注入伪造数据的攻击依赖对解析器行为的预测,当解析器处理一个已知状态时,这种攻击最有可能成功实施。

注入伪造数据攻击的实施既可能比数据包拦截攻击更困难,也可能比数据包拦截攻击更简单。由于注入伪造数据攻击需要在对解析器做出正确猜测的基础上才能实施,因此可能比数据包拦截攻击更困难;但注入伪造数据攻击不需要处于传输或共享网络上,因此这种攻击可能比数据包拦截更简单。在大多数情况下,注入伪造数据攻击类似于数据包拦截攻击,用于检查 DNSSEC 签名的解析器通常能够检测到注入伪造数据攻击。对于不进行 DNSSEC 签名检查的解析器,则应当使用 TSIG 或其他机制来确保解析器与进行 DNSSEC 签名检查的递归服务器之间的数据端到端完整性。

8.2.2.3 名字链攻击

最引人关注的针对 DNS 的威胁是名字链攻击,这种攻击是一种基于名字攻击的更高攻击级别的一个子集,有时也称为缓存中毒攻击。在原始查询的响应报文中对资源记录(Resource Record,RR)进行长期保护,可以在某种程度上减少大多数基于名字的攻击,但这种长期保护措施无法防止名字链攻击。名字链攻击有几种变异方式,这几种变异方式的共同点是:所有的变异方式都涉及 DNS 的资源记录(RR),其 RDATA 区域包括一个 DNS 名字(在某些情况下,可以包括一个可以直接映射到 DNS 的非 DNS 名字)。资源记录是一种允许攻击者向缓存中注入伪造的漏洞,可以影响基于 DNS 名字做出的后续决策。

在资源记录(RR)中,最坏的情况是 CNAME 记录、NS 记录及 DNAME 记录被攻击,这是因为这三个记录会将 DNS 的查询重定向到攻击者选择的位置上;MX 记录及

SRV 记录被攻击的威胁程度较低，但也可以被攻击者用来触发进一步的查询。A 记录（针对 IPv4 地址的 DNS 记录）或 AAAA 记录（针对 IPv6 地址的 DNS 记录）在它们对应的 RDATA 区域中不具有 DNS 名字，但由于 IN-ADDR.ARPA 及 IP6.ARPA 使用 IPv4 地址与 IPv6 地址的 DNS 编码进行索引，因此名字链攻击也可以施加到这些记录中。

名字链攻击的一般形式为：

（1）DNS 在名字链攻击或某些第三方的触发下进行查询，在某些情况下，查询本身可能与被攻击的 DNS 无关，即名字链攻击仅使用 DNS 查询来注入关于某些 DNS 名字的伪造数据。

（2）名字链攻击通过数据包拦截、查询、猜测或假冒等攻击方式，可以在 DNS 发出查询的响应过程中所涉及的合法域名服务器中注入伪造数据。

（3）名字链攻击的客体包括在 RDATA 区域中具有 DNS 名字的一个或多个 RR，这取决于名字链攻击的形式，名字链攻击可以通过这些客体将与 DNS 名字相关的伪造数据注入 DNS 的缓存中，或者将 DNS 查询重定向到攻击者选择的某一域名服务器。

任何可以将资源记录插入 DNS 缓存中的攻击，都可以对 DNS 造成某种程度的伤害，因此存在超出名字链攻击范围的缓存中毒攻击。但是，名字链攻击的初始攻击与最终结果之间的因果关系比其他形式的缓存中毒攻击更复杂，因此名字链攻击更值得关注。

名字链攻击的共同点是攻击者不仅可以在响应报文中选择任意的 DNS 名字，还可以从响应报文中获得与 DNS 名字相关的信息。名字链攻击可以比较容易地误导 DNS 在查询时选择特定的名字，例如，名字链攻击可以将某个名字链嵌入发给 DNS 的文本或 HTML 邮件的一个图像中，这种攻击特别具有危险性，如果电子邮件阅读程序试图打开这个名字链，则会导致 DNS 在查询时选择被误导的 DNS 名字。

DNSSEC 技术提供了一种可以防止名字链攻击大部分变异方式的措施。例如，通过 DNSSEC 签名，域名解析器可以确定与 DNS 名字相关的数据是不是由该 DNS 名字授权人插入的。DNSSEC 签名不包括黏连（Glue）记录，因此仍存在黏连记录被攻击的可能性，但 DNSSEC 技术可以通过暂时接收黏连记录来获取权威服务器对这些数据的签名，通过检查权威服务器的签名可以检测到该攻击。

8.2.2.4 通过受信任的服务器造成的数据泄露

数据包拦截攻击的另一种变异方式是通过受信任但被证明并不值得信任的服务器，从而造成数据泄露。大多数的用户仅配置了根解析器（Stub Resolver），使用受信任的服务器来进行域名查询，在大多数情况下，域名查询结果是通过 ISP 提供的受信任的服务器，以 DHCP 或 PPP 方式来通知用户的。除了这种信任关系被泄露（如通过窃听或入侵受信任的服务器造成信任关系被泄露），受信任的服务器本身也可能被攻击，从而使其返回的域名查询结果并不是用户所期待的。

对于移动办公而言，这一问题特别突出。移动办公需要值得信任的服务器，但在许多网络环境中，用户仅具有数量有限的可选递归服务器，并且这些服务器都不是特别值得信任的。通过服务器的 UDP 端口过滤机制可以防止这种攻击方式，但有可能妨碍用户反复运行域名解析器。

从 DNS 协议的角度来看，通过受信任的服务器造成的数据泄露和数据包拦截攻击的唯一区别是：通过受信任的服务器造成的数据泄露是用户自己将其域名查询请求发送给攻击者的。防止通过受信任的服务器造成的数据的措施与方式数据包拦截攻击的措施相同，都是通过解析器检查 DNSSEC 签名或使用 TSIG 机制（或等同的机制）来认证服务器的。

注意：仅使用事务签名（TSIG）机制并不能确保服务器是值得信任的，TSIG 机制所能做的是保护解析器与服务器之间的通信，这种保护并不是特别有效。如果解析器不能信任代表其执行工作的服务器并希望自己检查 DNSSEC 签名，则要获得 DNSSEC 的公钥信息，以便自己检查 DNSSEC 签名。

8.2.2.5 拒绝服务攻击

与互联网容易受到拒绝服务攻击一样，DNS 也容易受到拒绝服务攻击。DNSSEC 技术不仅对防止拒绝服务攻击没有帮助，还会因为检查 DNSSEC 签名而增大 DNS 报文的处理成本，同时还可能增加应答查询需要的报文数量，在实际中往往会给解析器造成更严重的问题。

8.2.2.6 域名的否定认证

关于域名的否定认证已引起了大量的讨论，主要的问题是是否有必要认证不存在的域名，即当攻击者从某一响应报文中删除资源记录时，解析器是否能够及时发现。

8.2.2.7 通配符风险

关于是否需要以及对包含通配符的域名的数据完整性和数据来源进行认证，已进行大量的讨论。包含通配符的域名是按照 RFC 1034 第 4.3.2 节描述的规则在线合成的。在使用包含通配符的域名时，需要完成以下两点：

(1) 证明存在包含通配符的域名（域名可以看成一种 RR）。

(2) 证明域名的合成规则。

8.3 DNSSEC 的基本原理

8.3.1 DNSSEC 协议

正是由于 DNS 协议暴露出来的安全漏洞才促成了 DNSSEC 协议的产生和发展。域名系统（DNS）作为互联网的核心基础服务和中枢神经系统，连接着互联网的物理设施和业务应用，域名系统一旦受到攻击，将会导致互联网局部或全局瘫痪，因此域名系统是影响互联网安全的关键环节，它的安全、可靠运行是整个互联网安全和稳定的重要保障。

为了提高域名系统的安全防护水平，解决目前 DNS 协议存在的安全漏洞，IETF 提出了 DNS 的安全扩展协议，即 DNSSEC 协议。DNSSEC 协议包含一系列 RFC，涉及概念、协议设计、报文格式、哈希（散列）算法与密钥管理等多个方面，这些 RFC 也几经更新，目前广泛应用的是 RFC 4033、RFC 4034、RFC 4035 和 RFC 5155。

DNSSEC 协议是针对 DNS 协议的安全扩展，它通过给 DNS 的应答消息添加基于非对称加密算法的数字签名，以保证数据未被篡改且来源正确，再通过 DNS 自下而上逐级向父域提交自己公钥，以实现整个 DNS 的逐级安全认证。具体而言，DNSSEC 协议为 DNS 提供了三方面的安全保障：

（1）数据来源验证：保证 DNS 的应答消息来自被授权的权威服务器。

（2）数据完整性验证：保证 DNS 的应答消息在传输过程中未被篡改。

（3）否定存在验证：当用户请求一个不存在的域名时，域名服务器能够给出包含数字签名的否定应答消息，并保证该否定应答的可靠性。

综上所述，DNSSEC 协议本质上是在域名系统授权体系的基础上，又建立了一套基于密码学手段的签名、验证体系，也就是信任链体系，通过信任链上的逐级安全验证来确保域名查询结果的真实可靠（如数据完整性和不可否认性）。

DNSSEC 协议是通过对资源记录进行数字签名来鉴别数据源的，该数字签名保存在一个新的资源记录，即 RRSIG。通常情况下，只有一个私钥对一个权威服务器的数据进行签名，但也不排除使用多个密钥的可能。例如，每一种数字签名算法都有一个密钥，如果一个支持 DNSSEC 协议的解析器获得了一个权威服务器的公钥，那么它就可以验证该权威服务器的签名。

支持 DNSSEC 协议的解析器可以通过两种方式获得一个权威服务器的公钥：一是通过预先在解析器中配置信任锚；二是通过正常的域名解析。在后一种方式中，公钥保存在 DNSKEY 中，为了保证通过域名解析方式获得的公钥的真实性，该公钥还需要由一个经过认证的、预先配置的密钥签名，即密钥签名密钥(KSK)。为了验证签名，支持 DNSSEC

协议的解析器需要形成一个从获得权威服务器的公钥到密钥签名密钥（可预先配置或者提前取得）的信任链，因此，解析器至少需要配置一个信任锚。

如果配置的信任锚是一个权威服务器的区域签名密钥（ZSK），那么解析器就可以鉴别权威服务器数据的真实性和完整性；如果配置的信任锚是密钥签名密钥（KSK），那么解析器就可以验证权威服务器公钥的真实性和完整性。

如果可能，权威服务器的私钥应该离线保存，但对动态更新的权威服务器而言，这是不可能做到的。在动态更新的情况下，权威服务器需要在动态更新之后重新签名资源记录，那么区域签名密钥（ZSK）就不得不在线保存。在这种情况下，使用密钥签名密钥（KSK）作为权威服务器的信任锚是必要的。如果要对密钥签名密钥进行离线保存，并对区域签名密钥进行签名，则即使区域签名密钥必须保存在线上，也能保护其真实性和完整性。离线保存的密钥签名密钥可以使用更长时间，从而解决了频繁更换密钥带来的密钥分发问题。

为了提供域名否定存在验证服务，DNSSEC 协议还需要一个新的资源记录——NSEC3，NSEC3 可以使支持 DNSSEC 协议的解析器验证某个域名或某个资源记录类型不存在的响应报文，其认证机制和解析器认证其他响应报文的机制一样。使用 NSEC3 需要权威服务器内的域名按照规范排序，NSEC3 可以清晰地描述权威服务器内存在的域名，以及这些域名中有哪些资源记录类型，每一个 NSEC3 都会被签名，并有对应的 RRSIG。

DNS 在最初设计之时假设：不论谁发送的域名查询请求，针对同一请求，DNS 都将返回相同的响应，且 DNS 保存的所有数据都是可见的，因此，DNSSEC 协议本身不提供机密性、访问控制列表或其他区别查询者的服务。同时，DNSSEC 协议不能抵抗对 DNS 的拒绝服务攻击。

DNSSEC 协议引入了 DNSKEY、RRSIG、NSEC3 和 DS 等类型的资源记录。

8.3.2 DNSKEY

DNSKEY 存储的是权威服务器的公钥，权威服务器使用私钥对资源记录进行数字签名，并将公钥保存在 DNSKEY 中，用于稍后对签名数据进行验证。

DNSKEY 的类型值是 48，无特殊的生命周期要求。

DNSKEY 的报文格式如图 8-1 所示，包括 16 比特的标志位（Flags）字段、8 比特的协议（Protocol）字段、8 比特的算法（Algorithm）字段和 32 比特的公钥（Public Key）字段。

（1）标志位：第 7 比特是区密钥位，如果第 7 比特为 1，则 DNSKEY 保存的是一个权威服务器的公钥，该公钥可以用于签名数据的验证，且签名数据的所有者必须是该权威服务器；如果第 7 比特为 0，则 DNSKEY 保存的是其他类型的 DNS 密钥，不能用于对签名数据的验证；第 15 比特是安全入口点，如果第 15 比特为 1，则 DNSKEY 保存的密钥将作为一个安全入口点；第 0~6 比特和第 8~14 比特保留，使用时必须置为 0。

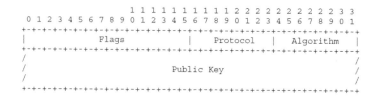

图 8-1　DNSKEY 的报文格式

（2）协议字段：其值必须是 3，表示这是一个 DNSKEY，这是为了与以前版本的 DNSSEC 协议兼容而保留下来的，其他值不能用于 DNSSEC 签名数据的验证。

（3）算法字段：指明 DNSSEC 签名所用算法种类，并决定公钥字段的格式。

（4）公钥字段：保存的是权威服务器的公钥，其格式由所选算法决定。

8.3.3　RRSIG

RRSIG 存储的是 DNS 资源记录的数字签名。RRSIG 的类型值是 46，其生命周期必须和其覆盖的资源记录保持一致。

RRSIG 的报文格式如图 8-2，包括 16 比特的类型覆盖（Type Covered）字段、8 比特的算法（Algorithm）字段、8 比特的域名（Labels）字段、32 比特的原始生命周期（Original TTL）字段、32 比特的签名过期时间（Signature Expiration）字段、32 比特的签名开始时间（Signature Inception）字段、16 比特的密钥标签（Key Tag）字段、16 或 32 比特的签名者名字（Signer's Name）字段和 32 比特的签名（Signature）字段。

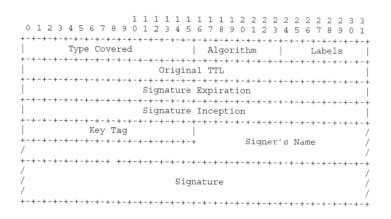

图 8-2　RRSIG 的报文格式

(1)类型覆盖字段:指明该签名覆盖的资源记录类型。

(2)算法字段:指明该签名使用的是哪种数字签名算法。

(3)域名字段:指明被签名的资源记录所有者中域名字段的数量,如 host.example.com.为 3、*.example.com.为 2、"."的域名字段数量为 0。

(4)原始生命周期字段:指明该签名覆盖的资源记录的生命周期。

(5)签名过期时间字段和签名开始时间字段:设定签名的有效期,RRSIG 不能在签名开始时间之前使用,也不能在签名过期时间之后使用。

(6)密钥标签字段:是用对应的公钥数据简单叠加得到的一个 16 比特的整数,如果一个权威服务器有多个公钥,则密钥标签可以和签名者名字字段、算法字段来确定使用哪个公钥进行验证签名。

(7)签名者名字字段:指明签名覆盖的资源记录的所有者。

(8)签名字段:存储资源记录集的数字签名,其格式由所用数字签名算法决定。

8.3.4 NSEC3

NSEC3 是为了响应那些不存在的资源记录而设计的。一个完整的权威服务器 NSEC3 可以指明该权威服务器所有存在的资源记录类型及其所有者。NSEC3 与 NSEC 的区别在于:NSEC 中保存的是域名排序后的下一个域名,而 NSEC3 保存的是域名的散列值(也称为哈希值)。NSEC 带来的安全问题是攻击者可以根据 NSEC 返回的内容推导出权威服务器中的域名记录,而 NSEC3 中保存的是散列值,因此可以避免这种安全问题。

NSEC3 的类型值是 50,它的生命周期与 SOA 的最小生命周期值相同。

NSEC3 的报文格式如图 8-3,包括 8 比特的散列算法(Hash Algorithm)字段、8 比特的标志位(Flags)、16 比特的重复(Iterations)字段、8 比特的加盐长度(Salt Length)字段、24 比特的加盐(Salt)字段、8 比特的散列值长度(Hash Length)字段、24 比特的下一个域名散列值(Next Hashed Owner Name)字段和 32 比特的类型位图(Type Bit Maps)字段。

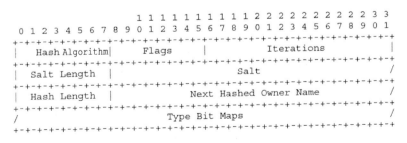

图 8-3 NSEC3 的报文格式

（1）散列算法字段：指明采用哪种散列函数来计算域名的散列值。

（2）标志位：除了最低的比特，标志位中的其他比特均未定义，使用时需置为 0。

（3）重复字段：指明散列函数重复使用的次数，即一个域名被散列函数重复计算的次数，其值等于重复计算的次数减 1。

（4）加盐长度字段：值为加盐字段长度的十进制值，范围为 0～255。

（5）加盐字段：用于计算域名的散列值。

（6）散列值长度字段：值为下一个域名散列值字段长度的八进制值，范围为 1～255。

（7）下一个域名散列值字段：指明权威服务器内的域名按照其散列值排序之后，下一个域名的散列值。

（8）类型位图字段：指明 NSEC3 所有者拥有的全部资源记录类型。

8.3.5 DS

DS 存储的是 DNSKEY 中的散列值，既可以用于建立解析器验证 DNS 响应报文时所需的信任链，也可以用于验证与之对应的 DNSKEY。DS 不像 DNSKEY 那样存储在资源记录所有者所在的权威服务器中，而是存储在上一级权威服务器中。

DS 的类型值是 43，没有特殊的生命周期要求。

DS 的报文格式如图 8-4，包括 16 比特的密钥标签（Key Tag）字段、8 比特的算法（Algorithm）字段、8 比特的摘要类型（Digest Type）字段和 32 比特的摘要值（Digest）字段。

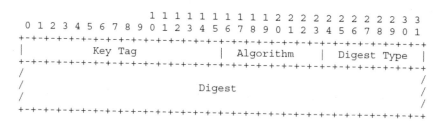

图 8-4 DS 的报文格式

（1）密钥标签字段：必须和对应的 RRSIG 的密钥标签字段一致。

（2）算法字段：和 DS 对应的 DNSKEY 的算法字段一致，用于指明签名所使用的算法类型。

（3）摘要类型字段：指明采用何种算法来生成 DNSKEY 的散列值。

（4）摘要值字段：用于存储 DNSKEY 的散列值。

8.3.6 DNSSEC 协议的缺陷

DNSSEC 协议本身存在以下缺陷：

（1）DNSSEC 协议的执行复杂，经测试表明，一些看上去无关紧要的区配置错误或过期密钥可能导致支持 DNSSEC 协议的解析器发生严重问题。另外，目前协议的错误报告能力还需改进。

（2）DNSSEC 协议显著增大了 DNS 响应报文的大小，这将使支持 DNSSEC 协议的域名服务器更容易成为服务拒绝攻击的对象。

（3）由于支持 DNSSEC 协议的解析器需要执行签名验证，并且在某些情况下需要发出进一步查询，因此 DNSSEC 协议的响应验证增加了解析器的工作负载，增加的工作负载会增大将响应返回到原始 DNS 用户的时间，在某些情况下这会触发超时及重新查询。

（4）如同 DNS 一样，DNSSEC 协议的信任模型几乎是完全分级的，DNSSEC 协议需要解析器获得超出根密钥范围的公钥。根密钥是最重要的，在根及特殊域名之间各区域内的任何不安全行为都可能会损害 DNSSEC 协议保护域名完整性的能力。

（5）根密钥滚动更新非常困难，2016 年开始的根密钥滚动更新情况已证明这一点，直到 2018 年下半年才完成了根密钥滚动更新。

（6）DNSSEC 协议的解析器与创建 DNSSEC 签名的实体之间不要求严格的时间同步。由于 DNSSEC 签名的有效期基于绝对时间，因此解析器必须作为区域签名人获得绝对时间，以便确定签名是在其有效期内或还是已过期。如果攻击者能够改变解析器关于当前绝对时间判断，则可以使用过期签名欺骗解析器。如果攻击者能够改变区域签名人关于当前绝对时间判断，则可以欺骗区域签名人生成有效期与区域签名人选定有效期不匹配的签名。

（7）某区域内可能存在的包含通配符的域名会在相当程度上使认证拒绝机制复杂化。在 DNSSEC 协议处于开发阶段的大部分时间，对这些问题的理解程度很低，在不同时期都存在关于认证拒绝机制是否完全封闭且是否应优化普通情况下（在某一区内不存在通配符）的认证拒绝机制的疑问。通配符机制本身固有复杂性可能会导致生成并检查认证拒绝机制的代码脆弱性。由于通配符的广泛使用，完全放弃通配符并不实际，因此问题就变成如何使 DNSSEC 协议变得不易受到攻击。

（8）DNSSEC 协议无法抵御 DDOS 等攻击。为了在这种情况下提高 DNSSEC 协议的效率，必须针对将进行签名的某些资源记录来配置解析器，这可能会要求手工配置解析器，尤其是在 DNSSEC 协议发布的初始阶段。

8.4 支持 DNSSEC 协议的必要条件

8.4.1 DNSSEC 协议的基本要求

由于 DNSSEC 协议会增大 DNS 响应报文的大小，因此要支持 DNSSEC 协议就必须要求实体支持 EDNS0（DNS 扩展机制）。如果不支持 EDNS0，则可能会使解析器或域名服务器不得不支持 TCP，这将会影响查询等待时间和域名服务器负载。通过要求支持 EDNS0，RFC 1035 可通过 UDP 传输的 DNS 响应报文的数据有效载荷为 512 字节或更低。目前，大多数 DNS 软件不接收更大的 DNS 响应报文，大于 512 字节的 DNS 响应报文都将导致部分响应无效，且 DNS 响应报文可能被拆分。在大多数情况下，DNS 响应报文的发送者将使用 TCP 重试。另外，域名服务器提供的被拆分后的响应报文有很大差异，且解析器对这些响应报文的处理也不同，这将导致对拆分后 DNS 响应报文的处理效率更低。

与 UDP 相比，对 DNS 等简单事务而言，TCP 是一种资源"昂贵"的协议，它需要 5 个信息包来建立和拆除 TCP 连接（不包括数据包），这样就要求在原始的 UDP 查询之上至少进行 3 次往返。域名服务器同时要求在这一事务过程中保持 TCP 的连接状态，许多域名服务器每秒要应答几千次查询，要求域名服务器使用 TCP 将显著地增加管理费用与延时。

8.4.2 DNS 响应报文增大的原因

8.4.2.1 DNSSEC 协议的需求

DNSSEC 协议（见 RFC 2535）通过在每个资源记录上增加公钥签名来保障 DNS 的安全性，这些签名的大小范围为 80～800 字节，大部分在 80～200 字节内。对资源记录进行签名将大大增加 DNS 响应报文的大小。鉴于执行原因并为了降低域名服务器的负载，支持安全性的域名服务器及解析器需要得到某一域名的响应及权威服务器中的所有数据不能被截断。当域名服务器对数据具有权威性时，在同一域名查询中发出附加数据是有好处的，并能减少往返次数。DNSSEC 中的"OK"位规定了客户如何使用 EDNS0 来接收 DNSSEC 协议的资源记录。

8.4.2.2 报文鉴别或 TSIG 需求

TSIG（见 RFC 2845）允许 DNS 响应报文的轻量化鉴别，但响应报文将增大至少 70

字节。DNSSEC 协议规定使用标准公钥签名 SIG(0)来进行响应报文的鉴别，由于只有一个 TSIG 或 SIG(0)可以附加到每个 DNS 的响应报文中，因此响应报文的增大并不明显，但仍然有可能被截断。

8.4.2.3 IPv6 需求

IPv6 地址（见 RFC 2874）为 128 位，并在 DNS 中可以通过多个 A6 资源记录来表述，每个 A6 资源记录包括一个域名及一个位字段，域名既可以指向地址前缀，也可以要求在应答中包括附加 A6 资源记录。被查询的 DNS 域名有多个 A6 资源记录时，响应报文可能会超出 512 字节的限制（采用 UDP 传输时的限制）。

8.4.2.4 根服务器及 TLD 服务器需求

目前，根服务器数量限定为 13 个，这是 512 字节响应报文的域名服务器及其地址记录的最大数量。如果根服务器开始通告 A6 资源记录或密钥记录，那么根服务器的响应将无法适合单个 512 字节的 DNS 响应报文，从而导致与根服务器之间的大量 TCP 连接。即使所有客户解析器向其本地域名服务器查询域名，但存在数以百万的域名服务器，每个域名服务器必须定期更新关于上一级服务器的信息。

出于冗余性、等待时间及负载平衡的考虑，某些区域可能需要大量域名服务器。由于整个网络使用根服务器，因此要提供尽可能多的服务器。大型 TLD（及许多高可见性 SLD）通常具有足够的服务器，A6 资源记录或密钥记录将导致 DNS 响应报文超出 512 字节的限制。注意：具有大量服务器的各区域通常恰恰是对网络运行至关重要的区域，以及已经承担相当高负载的区域。

8.4.2.5 用于 DNS 响应报文的 UDP 与 TCP 对比

最初制定的 512 字节限制是为了减少 DNS 响应报文被截断（也称为分段）的概率，被截断的响应报文（UDP 传输时）将丢失一些数据，可能会导致响应报文无效，且必须重新进行域名查询。TCP 连接要求进行更多往返来建立 TCP 连接、数据传输及拆除 TCP 连接，丢失的数据会被重新传输。

在早期阶段，许多实施方案无法正确处理分段，但现代的操作系统都可以解决这一问题，因此发送分段报文没有问题。尚未解决的问题是丢失数据对分段报文的影响，如果 UDP 传输的数据丢失率很高，则只有 TCP 传输才能保证 DNS 响应报文的可靠传输。由于现在大多数 UDP 传输的数据丢失率较低，因此在一个往返中，使用 UDP 传输分段报文的效果要好于 TCP 传输。

8.4.3 DNSSEC 协议的变更

EDNS0（见 RFC 2671）允许客户端说明其希望处理的 UDP 报文的最大大小，如果响应报文限制在 512 字节及客户端可以接受的最大大小之间，就可以避免使用 TCP 连接带来的额外资源消耗。所有符合 RFC 2535 的域名服务器与解析器必须支持 EDNS0 及至少 1220 字节的响应报文，但应该支持 4000 字节的响应报文，而且这一数值可能过低，无法获得高级别域名服务器的完整响应报文，未来可能要求更大的数值。

所有符合 RFC 2874 的域名服务器与解析器必须支持 EDNS0 及至少 1024 字节的响应报文，但应当支持 2048 字节的响应报文大小。IPv6 的响应报文应为 1024 字节，除非路径的 MTU 已知。所有符合 RFC 2535 及 RFC 2874 的域名服务器与解析器必须能够处理 IPv4 及 IPv6 UDP 的分段报文，符合 RFC 2535 及 RFC 2874 的域名服务器与解析器必须在 EDNS0 的响应报文中使用更大的要求值。

8.5 实现 DNSSEC 协议的必要条件

RFC 1123 规定：解析器和递归服务器必须支持 UDP，并应该支持 TCP，用以发送域名查询请求。一些实现者引用上述规定来说明支持 TCP 是 DNS 协议中的一个可选特征，大多数 DNS（见 RFC 1034）交互是通过 UDP（见 RFC 0768）实现的，TCP（见 RFC 0793）一般用于区域传输，并经常用于传输超过 DNS 协议规定的 512 字节限制的响应报文。

绝大多数域名服务器都支持 TCP，而且大多数软件都默认支持 TCP。如果不支持 TCP，则会限制 DNS 的交互性和 DNS 新特性的实现。应注意的是，不支持 TCP（或者在网络层阻止通过 TCP 传输的 DNS 响应报文）可能会导致域名解析失败和/或应用层超时。

一些域名服务器管理员担心，通过 TCP 传输的 DNS 响应报文可能会增加拒绝服务（DoS）攻击的风险。尽管支持 TCP 的域名服务器受到拒绝服务攻击的风险更高，但在网络层减少拒绝服务攻击的技术已有显著提高，大多数顶级域（TLD）服务器和所有的根服务器都已支持 TCP，DNSSEC 协议的实施也要求各级域名服务器支持 TCP。

在没有 EDNS0 扩展机制时，任何一个需要发送超过 512 字节的通过 UDP 传输响应报文的域名服务器的正常行为应是：将该响应报文截断以满足 512 字节的限制，然后将响应报文中的 TC 标志位置位。当客户端收到这样的响应报文时，会读取 TC 标志位并指明应当使用 TCP 来重发请求。

RFC 1123 还规定，未来定义的一些新的资源记录类型将会包含超过 UDP 要求之 512

字节的响应报文，故会需要 TCP，如果要用到 TCP，则解析器和域名服务器应该将 TCP 作为目前 UDP 的一个备用方式。

　　DNSSEC 协议的部署已经表明，在 512 字节的边界截断现已非常普遍。例如，从一个经过 DNSSEC 标注的区域，使用 NextSECure 3（NSEC3，见 RFC 5155）的"不存在的域"（Non-existent Domain，NXDOMAIN）响应，即"RCODE==3"，就可以肯定响应报文大于 512 字节。

　　自从 DNS 协议发布之后，就有了 DNS 的扩展机制（EDNS0），该扩展机制可以用来表明客户端已准备好接收大于 512 字节的通过 UDP 传输的 DNS 响应报文。一个兼容 EDNS0 的域名服务器接收到来自兼容 EDNS0 的客户端的请求后，可以向该客户端的缓冲区发送未截断的响应报文。

　　不过，当超过路径 MTU（最大传输单元）时会导致响应报文不完整，这在某些情况下是不可靠的。很多防火墙会阻挡不完整的响应报文，还有一些防火墙没有相应的算法来将不完整的响应报文重新组装起来。更糟的是，一些网络设备为慎重起见，拒绝处理包含 EDNS0 的响应报文。其他与 UDP 传输和响应报文大小有关的问题在 RFC 5625 中进行了讨论。MTU 的大小一般在 1500 字节左右，但 DNSSEC 的响应报文常会超过这一限制。

　　通用的 DNS 必须同时支持通过 UDP 传输和 TCP 传输。

　　（1）权威服务器（Authoritative Server）实现：必须支持 TCP 传输，以保证它们不会对响应报文的大小进行限制。

　　（2）递归服务器（或者转发器）实现：必须支持 TCP 传输，以保证不会阻止来自兼容 TCP 的域名服务器的较大响应报文到达兼容 TCP 的客户端。

　　（3）客户解析器（如一个操作系统的 DNS 解析库）：必须支持 TCP 传输，否则它们与自身的客户端以及上一级域名服务器之间的交互就会受到影响。客户解析器在认为不会截断响应报文时或者截断响应报文可以被接受的特殊环境下，可以不支持 TCP 传输。

　　关于选择 UDP 传输还是 TCP 传输，RFC 1123 提到：一个发送非区域传输（Non-Zone-Transfer）域名查询的解析器或者域名服务器，必须先通过 UDP 传输发送一个域名查询。上述要求在实现 DNSSEC 协议时是可以改变的，例如，可改为解析器先通过 UDP 传输发送一个域名查询，但如果有理由认为使用 UDP 传输会导致响应报文被截断，或者其他操作原因，可选择通过 TCP 传输发送一个域名查询，尤其在已经与域名服务器建立了 TCP 连接的情况下。

　　RFC 1035 规定：如果域名服务器需要关闭一个空闲的连接以回收资源，则应该等到该连接已空闲 2 分钟以上，尤其是在域名服务器允许 SOA（区域权威服务器的起始标志）和 AXFR 请求序列在单一连接上产生时。若域名服务器无论如何都无法响应请求，则可以通过单方面关闭或者复位来代替正常关闭。其他调制/解调协议（如 HTTP，见 RFC 2616）支持长期的 TCP 连接，这很容易导致资源耗尽和高负载条件下的响应缓慢。故意创造很多连接并让它们休眠，就可以轻松地制造一个拒绝服务攻击，因此建议应用层的空闲周期时间默认设置为数秒，不过不指定具体数值。在实践中，空闲周期时间可能是动态变化的，域名服务器可能允许空闲的连接，在资源允许的情况下，可以在更长的时间内保持空闲状态。

为了缓解某些域名服务器的过载威胁，DNS 客户端必须负责将其与单独域名服务器之间的并发 TCP 连接数最小化；同样，域名服务器可以对任意特定客户端与自己之间的并发 TCP 连接数进行限制。

域名查询或者响应报文可能会被网络延迟，或者被域名服务器处理，因此解析器不能要求这些信息按顺序返回。客户端解析器必须有能力处理与其请求顺序不同的响应，无论使用何种传输协议。

递归服务器的管理员应该保证，只接收来自期望客户端的连接，而不接收未知源的连接。在使用 UDP 传输的情况下，这样做会帮助服务器应对反射攻击（Reflector Attacks，见 RFC 5358）；在使用 TCP 传输的情况下，这能够防止未知客户端耗尽域名服务器的并发 TCP 连接资源。

8.6　DNSSEC 协议保障 DNS 动态更新的机制

当 DNS 动态更新与 DNSSEC 协议结合时，会带来一些潜在问题。例如，在非安全区域中使用 TSIG 对用户进行更新时，TSIG 的扩展性并不好（要求手工配置 DNS 域名服务器及每个用户之间的共享密钥）；在 DHCP 服务器中更新本地域名服务器时，TSIG 的扩展性却很好。

在安全区域使用动态更新时将发生严重问题。在将 TSIG 用于客户端到域名服务器的认证时，TSIG 仅保护 DNS 事务，而不保护实际数据，并且 TSIG 无法插入 DNS 区域，因此解析器无法使用 TSIG 来验证对该区域所做的更新。为了在将更新发送给域名服务器之前进行签名，要求用户必须能够使用区域签名密钥或者域名服务器必须能够使用在线区域签名密钥。

在上述情况下，必须通过区域签名密钥才能创建更新区域内的签名后的资源记录。在线区域签名密钥是一种潜在的安全风险。在制定哪个实体可以在区域内对哪些资源记录进行何种更新的政策时存在其他威胁，在安全动态更新中使用的访问控制方案的保护能力相当有限，无法向多个实体提供更新 DNS 区域的详细使用许可，每个实体都可能要求不同的使用许可。

8.7 DNSSEC 协议的部署情况

8.7.1 DNSSEC 协议在顶级域的部署情况

DNSSEC 协议在顶级域已得到了普遍部署。截至 2018 年 1 月 25 日,在 DNS 根域中有 1543 个顶级域,其中 1398 个已完成 DNSSEC 签名工作。虽然绝大部分顶级域都进行了 DNSSEC 签名工作,但在二级域中只有很少一部分支持 DNSSEC 协议,故 DNSSEC 协议的部署工作依旧任重道远。

DNSSEC 协议没有在全球获得大规模部署的原因如下:

(1) 由于 DNSSEC 协议需要更新软/硬件,投入成本高,DNS 服务商不愿意额外投入资金进行更新。

(2) 实施 DNSSEC 协议虽可带来一定安全性,但也可能带来了其他的安全隐患,如拒绝服务攻击。

(3) 若域名持有者更新支持 DNSSEC 协议,需要有一定专业人员的支持,另外还需定期更新密钥,成本开销增大,导致它们对部署 DNSSEC 协议的积极性不是很高。

8.7.2 DNSSEC 协议在二级域的部署情况

DNSSEC 协议在二级域部署率不是很高,在 10%左右,很多知名公司和机构都尚未部署 DNSSEC 协议,这些公司和机构的 DNSSEC 协议部署情况如图 8-5 到图 8-11 所示。

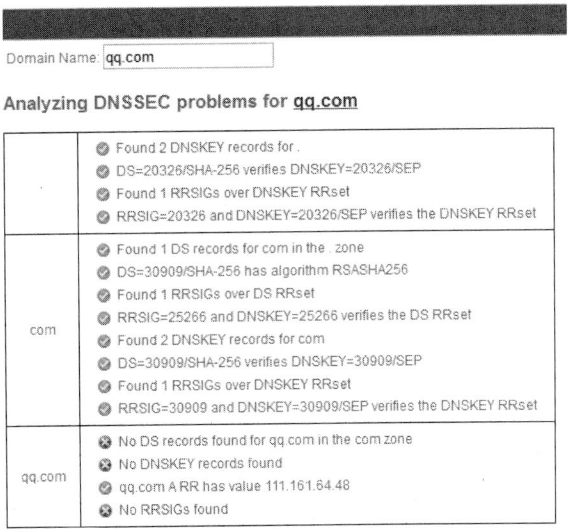

图 8-5 腾讯公司官网未部署 DNSSEC 协议(2019 年 5 月 12 日查询)

```
Domain Name: google.com
```

Analyzing DNSSEC problems for google.com

.	✓ Found 2 DNSKEY records for . ✓ DS=20326/SHA-256 verifies DNSKEY=20326/SEP ✓ Found 1 RRSIGs over DNSKEY RRset ✓ RRSIG=20326 and DNSKEY=20326/SEP verifies the DNSKEY RRset
com	✓ Found 1 DS records for com in the . zone ✓ DS=30909/SHA-256 has algorithm RSASHA256 ✓ Found 1 RRSIGs over DS RRset ✓ RRSIG=25266 and DNSKEY=25266 verifies the DS RRset ✓ Found 2 DNSKEY records for com ✓ DS=30909/SHA-256 verifies DNSKEY=30909/SEP ✓ Found 1 RRSIGs over DNSKEY RRset ✓ RRSIG=30909 and DNSKEY=30909/SEP verifies the DNSKEY RRset
google.com	✗ No DS records found for google.com in the com zone ✗ No DNSKEY records found ✓ google.com A RR has value 172.217.168.206 ✗ No RRSIGs found

图 8-6　谷歌公司官网未部署 DNSSEC 协议（2019 年 5 月 12 日查询）

```
Domain Name: microsoft.com
```

Analyzing DNSSEC problems for microsoft.com

.	✓ Found 2 DNSKEY records for . ✓ DS=20326/SHA-256 verifies DNSKEY=20326/SEP ✓ Found 1 RRSIGs over DNSKEY RRset ✓ RRSIG=20326 and DNSKEY=20326/SEP verifies the DNSKEY RRset
com	✓ Found 1 DS records for com in the . zone ✓ DS=30909/SHA-256 has algorithm RSASHA256 ✓ Found 1 RRSIGs over DS RRset ✓ RRSIG=25266 and DNSKEY=25266 verifies the DS RRset ✓ Found 2 DNSKEY records for com ✓ DS=30909/SHA-256 verifies DNSKEY=30909/SEP ✓ Found 1 RRSIGs over DNSKEY RRset ✓ RRSIG=30909 and DNSKEY=30909/SEP verifies the DNSKEY RRset
microsoft.com	✗ No DS records found for microsoft.com in the com zone ✗ No DNSKEY records found ✓ microsoft.com A RR has value 13.77.161.179 ✗ No RRSIGs found

图 8-7　微软公司官网未部署 DNSSEC 协议（2019 年 5 月 12 日查询）

```
Domain Name: facebook.com

Analyzing DNSSEC problems for facebook.com
```

	✓ Found 2 DNSKEY records for . ✓ DS=20326/SHA-256 verifies DNSKEY=20326/SEP ✓ Found 1 RRSIGs over DNSKEY RRset ✓ RRSIG=20326 and DNSKEY=20326/SEP verifies the DNSKEY RRset
com	✓ Found 1 DS records for com in the . zone ✓ DS=30909/SHA-256 has algorithm RSASHA256 ✓ Found 1 RRSIGs over DS RRset ✓ RRSIG=25266 and DNSKEY=25266 verifies the DS RRset ✓ Found 2 DNSKEY records for com ✓ DS=30909/SHA-256 verifies DNSKEY=30909/SEP ✓ Found 1 RRSIGs over DNSKEY RRset ✓ RRSIG=30909 and DNSKEY=30909/SEP verifies the DNSKEY RRset
facebook.com	✗ No DS records found for facebook.com in the com zone ✗ No DNSKEY records found ✗ facebook.com A RR has value 157.240.18.35 ✗ No RRSIGs found

图 8-8　Facebook 公司官网未部署 DNSSEC 协议（2019 年 5 月 12 日查询）

```
Domain Name: apple.com

Analyzing DNSSEC problems for apple.com
```

	✓ Found 2 DNSKEY records for . ✓ DS=20326/SHA-256 verifies DNSKEY=20326/SEP ✓ Found 1 RRSIGs over DNSKEY RRset ✓ RRSIG=20326 and DNSKEY=20326/SEP verifies the DNSKEY RRset
com	✓ Found 1 DS records for com in the . zone ✓ DS=30909/SHA-256 has algorithm RSASHA256 ✓ Found 1 RRSIGs over DS RRset ✓ RRSIG=25266 and DNSKEY=25266 verifies the DS RRset ✓ Found 2 DNSKEY records for com ✓ DS=30909/SHA-256 verifies DNSKEY=30909/SEP ✓ Found 1 RRSIGs over DNSKEY RRset ✓ RRSIG=30909 and DNSKEY=30909/SEP verifies the DNSKEY RRset
apple.com	✗ No DS records found for apple.com in the com zone ✗ No DNSKEY records found ✗ apple.com A RR has value 17.178.96.59 ✗ No RRSIGs found

图 8-9　苹果公司官网未部署 DNSSEC 协议（2019 年 5 月 12 日查询）

Domain Name: icann.org

Analyzing DNSSEC problems for icann.org

	✓ Found 2 DNSKEY records for . ✓ DS=20326/SHA-256 verifies DNSKEY=20326/SEP ✓ Found 1 RRSIGs over DNSKEY RRset ✓ RRSIG=20326 and DNSKEY=20326/SEP verifies the DNSKEY RRset
org	✓ Found 2 DS records for org in the . zone ✓ DS=9795/SHA-256 has algorithm RSASHA1-NSEC3-SHA1 ✓ DS=9795/SHA-1 has algorithm RSASHA1-NSEC3-SHA1 ✓ Found 1 RRSIGs over DS RRset ✓ RRSIG=25266 and DNSKEY=25266 verifies the DS RRset ✓ Found 4 DNSKEY records for org ✓ DS=9795/SHA-256 verifies DNSKEY=9795/SEP ✓ Found 3 RRSIGs over DNSKEY RRset ✓ RRSIG=9795 and DNSKEY=9795/SEP verifies the DNSKEY RRset
icann.org	✓ Found 10 DS records for icann.org in the org zone ✓ DS=18060/SHA-256 has algorithm RSASHA1-NSEC3-SHA1 ✓ DS=18060/SHA-1 has algorithm RSASHA1-NSEC3-SHA1 ✓ DS=17248/SHA-1 has algorithm RSASHA1-NSEC3-SHA1 ✓ DS=41643/SHA-256 has algorithm RSASHA1-NSEC3-SHA1 ✓ DS=32134/SHA-256 has algorithm RSASHA1-NSEC3-SHA1 ✓ DS=41334/SHA-256 has algorithm RSASHA1-NSEC3-SHA1 ✓ DS=17248/SHA-256 has algorithm RSASHA1-NSEC3-SHA1 ✓ DS=41643/SHA-1 has algorithm RSASHA1-NSEC3-SHA1 ✓ DS=32134/SHA-1 has algorithm RSASHA1-NSEC3-SHA1 ✓ DS=41334/SHA-1 has algorithm RSASHA1-NSEC3-SHA1 ✓ Found 1 RRSIGs over DS RRset ✓ RRSIG=16454 and DNSKEY=16454 verifies the DS RRset ✓ Found 5 DNSKEY records for icann.org ✓ DS=18060/SHA-256 verifies DNSKEY=18060/SEP ✓ Found 2 RRSIGs over DNSKEY RRset ✓ RRSIG=18060 and DNSKEY=18060/SEP verifies the DNSKEY RRset ✓ icann.org A RR has value 192.0.43.7 ✓ Found 1 RRSIGs over A RRset ✓ RRSIG=36728 and DNSKEY=36728 verifies the A RRset

图 8-10　ICANN 官网部署了 DNSSEC 协议

Domain Name: fcc.gov

Analyzing DNSSEC problems for fcc.gov

.	✓ Found 2 DNSKEY records for . ✓ DS=20326/SHA-256 verifies DNSKEY=20326/SEP ✓ Found 1 RRSIGs over DNSKEY RRset ✓ RRSIG=20326 and DNSKEY=20326/SEP verifies the DNSKEY RRset
gov	✓ Found 2 DS records for gov in the . zone ✓ DS=7698/SHA-1 has algorithm RSASHA256 ✓ DS=7698/SHA-256 has algorithm RSASHA256 ✓ Found 1 RRSIGs over DS RRset ✓ RRSIG=25266 and DNSKEY=25266 verifies the DS RRset ✓ Found 2 DNSKEY records for gov ✓ DS=7698/SHA-1 verifies DNSKEY=7698/SEP ✓ Found 1 RRSIGs over DNSKEY RRset ✓ RRSIG=7698 and DNSKEY=7698/SEP verifies the DNSKEY RRset
fcc.gov	✓ Found 2 DS records for fcc.gov in the gov zone ✓ DS=23049/SHA-256 has algorithm RSASHA1-NSEC3-SHA1 ✓ DS=23049/SHA-1 has algorithm RSASHA1-NSEC3-SHA1 ✓ Found 1 RRSIGs over DS RRset ✓ RRSIG=43583 and DNSKEY=43583 verifies the DS RRset ✓ Found 3 DNSKEY records for fcc.gov ✓ DS=23049/SHA-256 verifies DNSKEY=23049/SEP ✓ Found 1 RRSIGs over DNSKEY RRset ✓ RRSIG=23049 and DNSKEY=23049/SEP verifies the DNSKEY RRset ✓ fcc.gov A RR has value 2.22.110.68 ✓ Found 1 RRSIGs over A RRset ✓ RRSIG=3410 and DNSKEY=3410 verifies the A RRset

图 8-11　美国联邦通信管理委员会官网部署了 DNSSEC 协议

第 9 章
电子邮件安全技术与协议

9.1 电子邮件安全的背景

当普通电子邮件以明文的形式传输、存储时,存在巨大的安全风险与隐患,这也一直以来都是国外情报机构的重点攻击目标。我国将长期面临复杂的国际环境,电子邮件系统的泄密事件时有发生,特别是近几年来,境外机构通过电子邮件系统窃取我国政治、经济、军事、科技等情报呈现高发态势,对我国网络安全构成重大威胁和挑战,必须想办法解决,切实保证我国网络安全和国家整体安全。

在美国前中央情报局雇员爱德华·斯诺登(Edward Snowden)曝光的美国监控行动"棱镜"项目中,美国国家安全局和其他情报机构使用数字收集装置来捕获、追踪海量的电子邮件信息。"棱镜"项目收集所有互联网大型电子邮件系统的数据,包括 Google、Hotmail、Yahoo 等的电子邮件系统。

目前各用户单位普遍使用的大多为传统的电子邮件系统,缺乏安全设计,电子邮件以明文的形式传输和存储,安全性十分脆弱,存在易泄密、易被监听和易被破解等严重安全问题及隐患,整体来说缺乏系统性的防病毒、反垃圾、远程实时监测、恶意代码防范、攻击报警等安全监测保障功能,加上缺少专业的信息安全人员,安全现状不容乐观。

一方面敌对势力高度重视通过电子邮件系统收集敏感数据,另一方面我国的电子邮件系统,尤其是政府和军事相关单位的电子邮件系统整体安全形势不容乐观,因此亟待通过最新的安全技术、系统和模式来解决当前存在的问题。

本章以 Coremail 公司的电子邮件系统及其安全技术为例,对常见的电子邮件安全技术进行介绍。

9.2 电子邮件安全技术

9.2.1 垃圾电子邮件的拦截

9.2.1.1 智能化系统级反垃圾电子邮件

Coremail 公司提供智能化的反垃圾电子邮件系统（Coremail 电子邮件系统），通过各方面的采样，收集大批量的垃圾电子邮件数据信息，以保证系统反垃圾电子邮件技术的普遍适用，保证反垃圾电子邮件系统的高过滤率和低误判率。

Coremail 电子邮件系统的智能化不仅体现在自动化，而且体现在可定制化。针对不同企业组织的特性，反垃圾电子邮件系统允许管理员灵活地设置过滤规则，可建立起各种类型的垃圾电子邮件防御策略，抵御各种垃圾电子邮件。

9.2.1.2 个性化用户级反垃圾电子邮件

Coremail 电子邮件系统在提供系统级的垃圾电子邮件过滤功能之外，还提供了用户级的反垃圾电子邮件功能。用户可以设置自己的反垃圾电子邮件过滤级别，或应用黑名单拦截垃圾电子邮件，或设置垃圾电子邮件过滤规则，从电子邮件来源、接收者、主题等各方面保护电子邮件系统的安全。

9.2.2 病毒附件的拦截

Coremail 电子邮件系统的反病毒附件技术支持 ClamAV、Sophos、360 反病毒等引擎，可有效检查病毒附件，高效地运行在电子邮件系统前端，通过灵活且可伸缩的监控程序、命令行扫描程序，实时监控每一封信件，最大限度地发现病毒附件。

9.2.3 防钓鱼预警机制

采用最先进的 GSB v4（Google-Safe-Browsing）引擎技术对钓鱼电子邮件进行过滤，并能够对高危/可疑电子邮件进行提醒，而正文中打开可疑链接时也会收到预警提示。

9.2.3.1 GSB v4（Google-Safe-Browsing）引擎技术

很多恶意程序都会假扮成工具类产品，当用户下载安装后便会在用户不知情的情况下，篡改包括浏览器主页等在内的系统设置。GSB v4 引擎技术能够识别这些恶意程序，当用户遭遇设置被修改的情况时，电子邮件系统会给用户弹出相应的提示。

9.2.3.2 高危/可疑电子邮件的提醒

如果收到含可疑链接的电子邮件，Coremail 电子邮件系统会提示该电子邮件可疑，提醒用户提高警惕。

9.2.3.3 可疑链接打开提醒

若不小心打开了一个钓鱼链接，Coremail 电子邮件系统会对此类链接进行打开提醒，防止用户被此类网站窃取个人信息，保证电子邮件系统的安全。

9.2.3.4 机器学习算法

为了更好地防止和控制对垃圾电子邮件的漏判、误判，Coremail 电子邮件系统采用了两种机器学习算法：SVM（Support Vector Machine，支持向量机）算法和 ANN（Artificial Neural Network，人工神经网络）算法。

（1）SVM 算法。SVM 算法通过少数样本来寻找分割函数目标，即最大化最接近分类超平面的点到分类超平面的距离，以量化接收到的电子邮件是否是垃圾电子邮件的可能性，基于样本到分类超平面的距离计算，转换为电子邮件是垃圾邮件的可能性。SVM 算法示意图如图 9-1 所示。

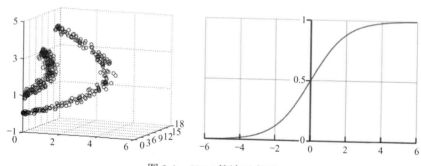

图 9-1　SVM 算法示意图

（2）ANN 算法。ANN 算法是对人的神经细胞的模拟，多层神经网络能拟合任意的连续函数，确定每个神经网络中每个输入端的权重后输入每个学习样本，如果输出结果与正确结果不符，则根据与正确结果的差值计算一个权重调整值，从而反向调整前面一层神经网络输入端的权重，直到所有样本的总误差满足要求为止。ANN 算法示意图如图 9-2 所示。

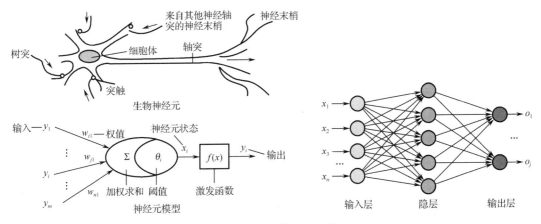

图 9-2 ANN 算法示意图

9.2.4 电子邮件账户的安全

9.2.4.1 动态密码保护

Coremail 电子邮件系统的"安全助手"是目前安全级别最高的密码保护产品,采用基于时间同步的双因素动态密码技术,动态密码具备每 60 秒自动更新一次的安全防盗技术,使用时无须按键,只需输入当前显示的动态密码即可安全登录,针对网络监听等黑客现象,可最高程度地保护用户的电子邮件账户信息。

(1) 动态密码保护(密保)需要电子邮件系统管理员进行绑定后方可使用,一个密保对应一个电子邮件账户,可杜绝动态密保冒用和用户假冒,保证电子邮件账户的安全。

(2) 在登录企业的电子邮件系统时,使用人员需使用动态密保登录,无动态密保者无法登录。

(3) 当有人员离职时,电子邮件系统管理员可对电子邮件系统进行密保解绑和锁定,离职人员无法再登录企业的电子邮件系统,防止由流动人员造成重要密码的泄露。

9.2.4.2 多因子安全认证

(1) 二次验证码。针对电子邮件系统账户密码存在被盗的现象,Coremail 电子邮件系统从安全办公的使用场景出发,采用多种形式的二次验证码策略,可规避密码被盗而造成更大的损失。

① 二次验证码可选择短信验证码、动态口令、App 授权登录。

② 电子邮件系统管理员可在后台开启或关闭二次验证码。

③ 电子邮件系统管理员可强制指定一种二次验证码方式。

④ 用户可自定义选择二次验证码类别，如短信验证码、动态口令、App 授权登录。

⑤ 用户通过二次验证后可在设备查询处添加或者取消信任设备，登录信任设备后无须进行二次验证；没有通过二次验证的用户，电子邮件系统将会在设备查询处提示用户进行二次验证后才能对信任设备进行操作。

⑥ 用户可增加应用专用密码，在客户端上使用应用专用密码登录，不会影响原来的电子邮件账户密码。

⑦ 当用户遗失手机、手机号码被注销或卸载 App 时，电子邮件系统管理员可为用户进行二次验证解绑。

（2）修改密码安全验证。在用户修改密码前需要进行二次验证，可选择短信验证码、动态口令、App 授权登录进行验证，可防止恶性修改密码行为的发生。

9.2.5 密码安全控制

Coremail 电子邮件系统针对电子邮件生命周期推出了全密码保护策略，包括动态密码、邮件密码、文件夹单独密码、锁屏密码、网盘密码，可从不同的保护强度、不同的保护方式、不同的应用场景等多方面保护密码安全。

9.2.5.1 密码安全：增强密码强度

Coremail 电子邮件系统禁止使用广泛的、过于简单的弱密码，强制要求用户密码必须最少为 8 位，而电子邮件系统管理员可根据实际情况灵活设置用户的登录密码必须到达某个复杂度，同时还可设置密码的有效期，最短为 7 天。

9.2.5.2 发信安全：邮件密码

Coremail 电子邮件系统提供采用独家算法的电子邮件加/解密中心。在发送重要或涉密的电子邮件时，发件人可以添加电子邮件独立密码，收件人需通过密码解密后才能读取电子邮件的正文和附件。即使黑客跟踪收件人的电子邮箱，也无法直接看到电子邮件的正文和附件，从而保证所发送电子邮件的安全。

9.2.5.3 存信安全：文件夹单独密码

采用 Coremail 电子邮件系统的来信过滤功能，可自动将重要文件归入一个自定义文件夹，例如，将来自老板的邮件归入"老板文件夹"，并为这个文件夹加锁，这样就不用为重要来信的安全问题担心了。

9.2.5.4 写信安全：锁屏密码

如果用户在写信过程中临时有事离开一段时间，为防止他人看到电子邮件的内容但又不想将电子邮箱页面关掉，则可以使用锁屏功能。锁屏后，电子邮箱仍保持在线，但需输入正确的密码后才能再次操作。

9.2.5.5 共享安全：网盘密码

网盘是存放和分享文件的重要工具，可以对整个网盘或网盘内的某个文件夹进行加密，这样做既可以放心地将文件共享给同事，又可以保护个人的文件。

9.2.6 异地登录电子邮件的提醒

为了更好地保障电子邮箱安全，Coremail 电子邮件系统会记录用户每一次登录的 IP 地址和地理地址。如果用户的电子邮箱使用过非法 IP 地址登录，电子邮件系统则会自动发出提醒，让用户确认上次登录是否安全。一旦发现任何异常，用户就可以及时核对登录信息，并更改电子邮箱密码，以保障用户电子邮箱的安全。

另外，电子邮件系统管理员可以通过自定义 IP 地址库，让电子邮件系统更加智能地判断用户的登录行为是否安全。例如，管理员可以定义除公司 IP 地址之外的任何 IP 地址皆为非法。

9.2.7 电子邮件传输的加密

长期以来国内都是使用传统 PKI/CA（Public Key Infrastructure Certificate of Authority，公钥基础设施/认证中心）来对电子邮件进行加密的。PKI/CA 要求每个需要接收和发送加密电子邮件的用户先到认证中心申请数字证书，数字证书申请成功后会在证书目录中发布并提供给其他用户查找和下载，当电子邮件的发送者和接收者同时申请数字证书之后，加密电子邮件的发送才能进行。

基于 RSA 算法，PKI 非对称密钥认证证书体系实现了对电子邮件系统的加密；在收发件双方交换彼此的数字签名和公钥前提下，通过认证中心认证和收件人密钥认证，才能完成对加密邮件的发送和阅读。

9.2.8 密级邮件

对某些特定的电子邮件，若只想让某些权限的人查看，则可以设置相应的权限。

（1）邮件密级：发件人只能发送自己密级或以下密级的电子邮件，收件人只能查看自己密级或以下密级的电子邮件。例如，机密等级的人员能发送或者查看机密等级及以下密级的电子邮件，不能查看绝密等级的电子信件。

（2）附件密级：除了电子邮件本身，发送人的密级与邮件附件密级是对应的，密级低的人员无法打开密级高的附件，从而确保附件的安全。

（3）发信密级：发件人只能发送小于或等于发信密级的电子邮件，确保发信人身份与其权限相对应，保证电子邮件安全。当密级邮件发送对象（收件人+抄送人+密送）大于或等于2时，Coremail 电子邮件系统会提示当前邮件是群发邮件，由用户决定是否发送，可避免用户由于误操作造成密级邮件的群发，给电子邮件安全带来威胁。

（4）收信密级：收件人只能收到并查看小于或等于收信密级的电子邮件，防止发信误操作引起的重要信息泄露。

（5）回复与转发密级：Coremail 电子邮件系统支持回复与转发操作是否继续使用密级邮件。

9.2.9 电子邮件的存储加密

Coremail 电子邮件系统中的每一封邮件都通过二进制压缩和加密的形式存储在存储设备中，既节省了磁盘成本，又极大地提升了系统安全，同时具有数据迁移粗略统计功能。和其他电子邮件系统相比，可节约 10%～30%的存储空间。

9.2.10 电子邮件的审核

Coremail 电子邮件系统结合企业电子邮件审核的复杂需求，结合密级设置、审核规则、日志系统完善三个方面来保证电子邮件审核过程的严谨和安全，提供了多级审核功能，以提高管理安全、提供灵活的电子邮件审核权限设置。

审核规则如下所述：

（1）设定默认审核人：可设定项目组或默认审核人，无须重复选择。

（2）定义审核过期时间：可防止审核人遗漏审核导致项目或报告时间过期，到期时可自动完成发出/退回等操作，使电子邮件审核更加便捷。

（3）判定审核范围：可对内/外站收发信制定不同的审核策略。

（4）选择被审核邮箱：可支持具体电子邮件地址以及名称+部门显示等策略。

（5）多样化的禁发策略：可适用于多个审核人、多条审核规则的多样化审核场景，使审核操作更加严谨科学，切实保障电子邮件安全。

（6）多样化的邮件放行策略：可适用于多个审核人、多条审核规则的多样化审核场景，在保障审核安全的前提下，使审核操作更加便捷。

（7）多样化的审核执行操作：审核人可依据审核项目具体执行通过/拒绝审核操作。

（8）密级邮件审核：审核人需要进行高密低流限制，如果一封电子邮件触发审核规则，则需判断该电子邮件的密级和审核人的收信密级，如果电子邮件密级大于审核人收件密级，则为高密低流，不允许该审核人审核；当触发高密低流时，如果审核人为一人，则将电子邮件退回发信人；如果审核人为多人，则将电子邮件发给合法的审核人；若所有审核人都触发高密低流，则将电子邮件退回发信人。

9.2.11 电子邮件的安全协议

9.2.11.1 SPF

SPF（Sender Policy Framework，发件人策略框架）是一种域名服务记录，可识别哪些电子邮件服务器允许代表用户的网域发送电子邮件。

SPF 记录的用途是阻止垃圾电子邮件发件人发送假冒用户网域中的发件人地址的电子邮件。收件人可以参考 SPF 记录来确定号称来自用户网域的电子邮件是否来自授权的电子邮件服务器。如果用户的网域没有 SPF 记录，那么有些收件人的网域可能会拒绝发送的电子邮件，因为收件人网域无法验证相应的电子邮件是否来自授权的电子邮件服务器。

9.2.11.2 DKIM

DKIM（DomainKeys Identified Mail，域名密钥识别邮件）是一种防范电子邮件欺诈的验证技术，通过消息加密认证的方式对电子邮件发送域名进行验证。

当发送电子邮件时，利用本域私钥加密邮件生成 DKIM 签名，将 DKIM 签名及其相关信息插入邮件头；当接收电子邮件时，通过域名查询获得公钥，验证邮件 DKIM 签名的有效性。这样，就可以在电子邮件发送过程中，确认并防止电子邮件被恶意篡改，保证电子邮件的完整性。

9.2.11.3 rDNS

rDNS（reverse DNS，反向域名解析）就是把 IP 解析成域名，即把 IP 反向查询为域名，在相关 IP 授权域名服务器上增加 IP 地址的 PTR（Pointer Record，指针记录）。反向域名解析的意义是验证 IP 地址的网络身份是不是被认可的、是不是合法的。

反向域名解析的工作原理是：垃圾电子邮件制造者一般会使用与域名不合的无效 IP 地址，即和域名不匹配的 IP 地址。rDNS 查找程序把引入信息的 IP 地址输入一个域名数据库，如果没有找到和 IP 地址匹配的有效域名，则认为是垃圾电子邮件。

9.2.11.4 DMARC

DMARC（Domain-based Message Authentication, Reporting and Conformance，基于域

名的消息认证、报告和一致性)是一种新型的电子邮件安全协议,其主要目的是识别并拦截钓鱼电子邮件,使钓鱼电子邮件无法进入用户的电子邮箱中,减少收到钓鱼电子邮件的可能性,从而保护用户的电子邮件账户密码。

DMARC 的工作原理是:基于现有的 DKIM 和 SPF 记录两大主流电子邮件安全协议,由电子邮件发送方(域名拥有者)在 DNS 中声明自己采用该协议;当电子邮件接收方[其中的 MTA(Mail Transfer Agent,邮件传输代理)需支持 DMARC 协议]收到该域发送过来的电子邮件时,进行 DMARC 校验,若校验失败还需发送一封报告到指定 URI(通常是一个电子邮件地址)。

9.3 电子邮件系统等保三级建设指引

为了保障电子邮件系统本身的安全合规性,Coremail 公司结合等保合规的安全建设要求,为客户提供安全电子邮件系统建设方案的指引,协助客户建设符合等保要求的安全电子邮件系统。

9.3.1 电子邮件系统的安全等级

根据信息系统在国家安全、经济建设、社会生活中的重要程度,信息系统遭到破坏后对国家安全、社会秩序、公共利益,以及公民、法人和其他组织的合法权益的危害程度等因素确定,分成五个安全保护等级,从第一级到第五级逐级增高。

电子邮件系统的安全保护等级一般定为第二级或第三级,本节主要针对电子邮件系统等保三级的建设方案进行介绍。

9.3.2 安全等级保护的基本要求及安全措施

9.3.2.1 等保三级的安全通用要求与建设框架

根据《GB/T 22239-2019 信息安全技术 网络安全等级保护基本要求》(GB/T 22239—2019),第三级安全保护等级(等保三级)的安全通用要求可分为技术和管理两大类要求,具体如图 9-3 所示。

从图 9-2 中可以看出:需要从安全物理环境、安全通信网络、安全区域边界、安全计算环境、安全管理中心五个方面的技术要求开展安全技术体系建设;需要从安全管理制度、安全管理机构、安全管理人员、安全建设管理、安全运维管理五个方面的管理要求开展安全管理体系建设。为了更好地理解等保三级电子邮件系统如何保护电子邮件的安全,下面以 Coremail 电子邮件系统为例做一说明。

第 9 章　电子邮件安全技术与协议

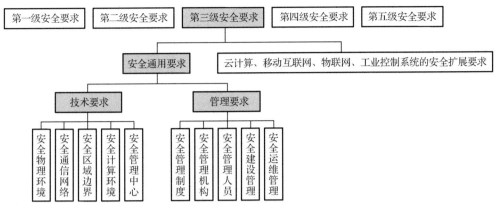

图 9-3　等保三级的安全通用要求

Cormail 电子邮件系统以等保三级的安全通用要求为指引，其安全防护建设框架如图 9-4 所示。

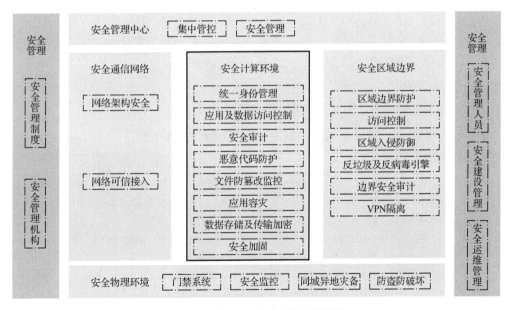

图 9-4　等保三级安全防护建设框架

9.3.2.2　安全措施

Coremail 安全电子邮件解决方案以软件形式进行交付，在电子邮件系统的应用层通过安全措施确保电子邮件应用和电子邮件数据的安全可靠，符合等保三级的安全通用要求。

（1）账户安全。Coremail 安全电子邮件解决方案提供双因素认证、异常登录提醒、防暴力破解、弱密码扫描等功能，对用户的身份认证进行严格管控，全面保障用户的账户安全。

（2）数据安全。Coremail 安全电子邮件解决方案提供强大的数据安全机制，依托国内首个商业反垃圾电子邮件服务运营中心及多项先进的反垃圾电子邮件技术，可为用户提供高效的垃圾电子邮件过滤服务；支持嵌入多种杀毒引擎，运用多种杀毒方式，有效屏蔽、清除病毒电子邮件；SSL 技术可防止电子邮件在网络传输过程中被窃听；从数据来源、数据传输、数据存储等方面进行安全加固。

（3）管理安全。Coremail 安全电子邮件解决方案从企业的具体需求出发，关注企业的管理效率和管理安全，提供邮件监控、邮件审核、邮件归档、邮件密级和镜像容灾等措施，可最大限度地协助优化企业信息资源，提升企业信息生产力。

（4）防御安全。Coremail 安全电子邮件解决方案作为一个成熟的产品，从架构层面拥有一套完善的防攻击机制，可有效应对各种复杂的攻击，保障系统的安全平稳运行。

总之，Coremail 安全电子邮件解决方案是帮助广大企业用户全方位实现安全防护而推出的一体化电子邮件安全防护方案，助力企业用户建设合规、安全、高效的电子邮件系统。

Coremail 安全电子邮件解决方案概览如表 9-1 所示。

表 9-1　Coremail 安全电子邮件解决方案概览

要求类别	基本要求（等保三级）	解决方案
身份鉴别	（1）应对登录的用户进行身份标识和鉴别，身份标识具有唯一性，身份鉴别信息具有复杂度要求并定期更新； （2）应具有登录失败处理功能，应配置并启用结束会话、限制非法登录次数，以及登录连接超时自动退出等相关措施； （3）当进行远程管理时，应采取必要措施防止身份鉴别信息在网络传输过程中被窃听； （4）应采用口令、密码技术、生物技术等鉴别技术中两种或两种以上的组合对用户的身份进行鉴别，且其中一种鉴别技术至少应使用密码技术来实现	（1）电子邮件地址作为用户唯一标识，支持电子邮件系统自动检测弱密码，可强制要求用户密码最少为 8 位，支持用户登录密码复杂度的设置； （2）支持登录失败处理，采取结束会话、限制非法登录次数和自动退出等措施； （3）Coremail 电子邮件系统采用认证加密算法，支持发送安全加密电子邮件；支持 HTTPS 安全传输方式，确保数据在传输过程中不会被泄露或窃取； （4）Coremail 电子邮件系统先鉴别是否本地用户，再进行密码认证，支持二次验证。 管理建议： （1）按照等保三级的基本要求进行双因素认证； （2）可部署 SSL VPN 单点登录统一认证的产品

续表

要求类别	基本要求（等保三级）	解 决 方 案
访问控制	（1）应对登录的用户分配账户和权限； （2）应重命名或删除默认账户，修改默认账户的默认密码； （3）应及时删除或停用多余的、过期的账户，避免共享账户的存在； （4）应授予管理用户所需的最小权限，实现管理用户的权限分离； （5）应由授权主体配置访问控制策略，访问控制策略规定主体对客体的访问规则； （6）访问控制的粒度应达到主体为用户级或进程级，客体为文件、数据库表级； （7）应对重要主体和客体设置安全标志，并控制主体对有安全标志信息资源的访问	（1）Coremail 电子邮件系统可按照等保三级的基本要求进行访问控制的配置，包括权限定义、默认账户的权限管理、控制粒度的确定等； （2）Coremail 电子邮件系统不支持默认密码，在用户首次登录时会强制修改密码； （3）Coremail 电子邮件系统可停用或删除多余账户； （4）Coremail 电子邮件系统可以对访问进行分级别授权，每个用户只能在授权的范围内进行操作，实现对资源的访问控制； （5）Coremail 电子邮件系统可以通过授权账户的方式进行访问控制认证，仅系统内的合法用户可以查询和修改与自己相关的系统信息、个人数据、邮件数据，且修改行为将被记录； （6）Coremail 电子邮件系统为用户提供了网上电子邮件通信服务和用户及邮件数据管理，访问客体包括系统信息、用户个人数据、邮件数据； （7）Coremail 电子邮件系统的管理员可以访问电子邮件系统的管理界面，并可以确定不同类型账户对系统的访问权限。 管理建议： （1）按照等保三级的基本要求依据系统重要资源的标志以及定义的安全策略进行严格的访问控制； （2）可部署 SSL VPN 产品，实现单点登录和权限控制
安全审计	（1）应启用安全审计功能，审计要覆盖到每个用户，要对用户的重要行为和重要的安全事件进行审计； （2）审计记录应包括事件的日期和时间、用户、事件类型、事件是否成功，以及其他与审计相关的信息； （3）应对审计记录进行保护，定期备份，避免受到未预期的删除、修改或覆盖等； （4）应对审计进程进行保护，防止未经授权的中断	（1）Coremail 电子邮件系统支持应用审计功能，可按照等保三级的基本要求来记录系统的重要安全事件（如管理员操作与用户操作）的日期、时间、发起者信息、类型、描述和结果等，并支持对审计日志的查询与导出； （2）可进行数据库审计，对用户行为、用户事件和系统状态进行审计，从而保证数据库系统的整体安全。 管理建议： （1）按照等保三级的基本要求生成审计记录，并对审计记录进行统计、查询、分析，生成审计报表； （2）可部署 SSL VPN 产品，实现单点登录统一审计功能

续表

要求类别	基本要求（等保三级）	解 决 方 案
入侵防范	（1）应遵循最小安装原则，仅安装必需的组件和应用程序； （2）应关闭不需要的系统服务、默认共享端口和高危端口； （3）应通过设定终端接入方式或网络地址范围来对终端（通过网络进行管理的终端）进行限制； （4）应提供数据有效性检验功能，保证通过人机接口输入或通过通信接口输入的内容符合系统设定的要求； （5）应能发现可能存在的漏洞，并在经过充分测试评估后及时修补漏洞； （6）应能够检测到对重要节点进行入侵的行为，并在发生严重入侵事件时提供报警	（1）Coremail 电子邮件系统遵循最小安装原则，不安装非必要的组件和应用程序； （2）Coremail 电子邮件系统可以关闭非必要的系统服务，以及默认的共享端口和不必要的高危端口； （3）Coremail 电子邮件系统可通过设置协议端口来对终端进行限制； （4）Coremail 电子邮件系统对输入的表单有格式的限制，可实现数据的有效性检验； （5）Coremail 电子邮件系统通过版本升级，可修复已发现的漏洞； （6）Coremail 电子邮件系统的增值邮件安全产品 SMC，可监控服务器文件 MD5 是否被篡改，从而实现入侵监控报警。 管理建议： 按照等保三级的基本要求部署入侵检测产品，如文件防篡改产品等
恶意代码防范	应采用免受恶意代码攻击的技术措施或主动免疫可信验证机制及时识别入侵和病毒行为，并将其有效阻断	Coremail 电子邮件系统支持反病毒引擎、病毒库实时更新，支持读信沙盒。 管理建议： 建议选择可靠的反病毒安全产品
可信验证	可基于可信根对计算设备的系统引导程序、系统程序、重要配置参数和应用程序等进行可信验证，并在应用程序的关键执行环节进行动态可信验证，在检测到可信性受到破坏后进行报警，并将可信验证结果形成审计记录送至安全管理中心	对这一点，业内一直没有确切的解决方案，可信根其实是基于整个软/硬件系统的，不仅仅是电子邮件系统。目前对此仅有概念性的认识，在技术上还有很长的路要走，这一点几乎对所有用户都会是失分项
数据完整性	（1）应采用校验技术或密码技术保证重要数据在传输过程中的完整性，包括但不限于鉴别数据、重要业务数据、重要审计数据、重要配置数据、重要视频数据和重要个人信息等； （2）应采用校验技术或密码技术保证重要数据在存储过程中的完整性，包括但不限于鉴别数据、重要业务数据、重要审计数据、重要配置数据、重要视频数据和重要个人信息等	（1）Coremail 电子邮件系统具有加密安全增值模块，可使用云主机在邮件的 Web 服务器中部署中间件并加密功能模块，保障电子邮件传输的安全及完整性； （2）Coremail 电子邮件系统的归档系统可存储重要的数据，并可使用奥联等厂商的加密机进行加/解密，保证重要数据的完整性。 管理建议： 按照等保三级的基本要求，密码技术是指支持国密算法（国家密码管理局认定的国产密码算法）的加密技术，建议用户配置支持国密算法的加密机产品

续表

要求类别	基本要求（等保三级）	解 决 方 案
数据保密性	（1）应采用密码技术保证重要数据在传输过程中的保密性，包括但不限于鉴别数据、重要业务数据和重要个人信息等； （2）应采用密码技术保证重要数据在存储过程中的保密性，包括但不限于鉴别数据、重要业务数据和重要个人信息等	（1）Coremail 电子邮件系统提供多种邮件传输协议，如 CMTP、SSL 等，可保护电子邮件在传输过程中的安全； （2）在鉴别数据方面，Coremail 电子邮件系统支持系统密码加密存储、用户密码加密存储；对于重要的业务数据，Coremail 电子邮件系统可通过第三方加密机来实现存储加密。 管理建议： （1）按照等保三级的基本要求，密码技术是指支持国密算法的加密技术，建议用户配置支持国密算法的加密机产品； （2）如果电子邮件在传输过程中受到较为高级的中间人劫持攻击并篡改了电子邮件，则会判定为高风险，简单的 SSL 未必能有效防护此类攻击，因此 Coremail 电子邮件系统采用加密技术来对传过程中的电子邮件进行完整性校验，建议用户配置 Coremail 电子邮件系统的加密模块
数据备份恢复	（1）应提供重要数据的本地数据备份与恢复功能； （2）应提供异地数据备份功能，利用通信网络将重要数据定时批量传送至备用场地； （3）应提供重要数据处理系统的热冗余，保证系统的高可用性	（1）Coremail 电子邮件系统中的高级邮件备份增值模块可按照不同的备份计划进行分组备份管理，及时备份或恢复用户所需的信息； （2）Coremail 电子邮件系统具备镜像部署方案，可部署在异地，可实现异地节点之间的核心数据的实时备份，在单一节点出现故障时，可切换到其他节点，确保服务的稳定性； （3）Coremail 电子邮件系统的多活方案支持多设备间的相互备份，保证数据实时同步，当一台设备出现故障时，可保证系统核心功能的高可用性。 管理建议： 对等保三级系统来讲，电子邮件数据可以视为企业非常重要的业务数据，建议通过 Coremail 电子邮件系统的多活方案来实现热冗余，保障电子邮件系统的稳定运行和数据安全
剩余信息保护	（1）应保证存有鉴别信息的存储空间被释放或重新分配前得到完全清除； （2）应保证存有敏感数据的存储空间被释放或重新分配前得到完全清除	通过对操作系统和数据库系统进行安全加固，及时清除存储空间中的剩余信息
个人信息保护	（1）应仅采集和保存业务必需的用户个人信息； （2）应禁止未授权访问和非法使用用户个人信息	（1）Coremial 电子邮件系统不强制采集用户个人信息，因此不存在强制采集非必需的用户个人信息的问题； （2）Coremail 电子邮件系统支持对用户个人信息的访问和使用进行限制，可以通过控制通讯录来实现对访问权限的管理

附录 A
等保三级信息系统整体安全加固建议

因等保测评以信息系统作为测评单位,不仅包括电子邮件系统,还包括物理环境、网络环境等,因此,对于购买私有化电子邮件服务系统的用户信息环境,还应当提供除安全计算环境之外的安全物理环境、安全网络环境、安全区域边界的加固方案,以保证合规,解决方案如下:

要求类别		基本要求(等保三级)	解决方案
安全物理环境	物理位置选择	(1)机房场地应选择在具有防震、防风和防雨等能力的建筑内; (2)机房场地应避免设在建筑物的顶层或地下室,否则应加强防水和防潮措施	(1)按照等保三级的基本要求进行物理位置选址; (2)按照等保三级的基本要求进行楼层的选择
	物理访问控制	机房的出入口应配置电子门禁系统,控制、鉴别和记录进入的人员	(1)按照等保三级的基本要求进行人员的配备,制定管理制度; (2)对进出人员采用陪同或监控设备进行限制和监控; (3)按照等保三级的基本要求加强对区域的管理和重要区域控制力度。 建议方案:部署电子门禁系统
	防盗窃和防破坏	(1)应将设备或主要部件进行固定,并设置明显的、不易除去的标识; (2)应将通信线缆铺设在隐蔽安全处; (3)应设置机房防盗报警系统或设置有专人值守的视频监控系统	(1)按照等保二级的基本要求进行建设,制定防盗窃、防破坏等管理制度; (2)按照等保三级的基本要求进行光、电技术防盗报警系统的配备。 建议方案:部署公司视频监控与报警系统
	防雷击	(1)应将各类机柜、设施和设备等通过接地系统安全接地; (2)应采取措施防止感应雷,如设置防雷保安器或过压保护装置等	(1)按照等保三级的基本要求进行建设; (2)按照等保三级的基本要求设置防雷保安器,防止感应雷。 建议方案:设置避雷办案器
	防火	(1)机房应设置火灾自动消防系统,能够自动检测火情、自动报警,并自动灭火; (2)机房及相关的工作房间和辅助房应采用具有耐火等级的建筑材料; (3)应对机房划分区域进行管理,区域和区域之间设置隔离防火措施	(1)按照等保三级的基本要求进行建设; (2)按照等保三级的基本要求设置消防、耐火、隔离等措施。 建议方案:部署消防系统、灭火器等

续表

要求类别		基本要求（等保三级）	解决方案
安全物理环境	防水和防潮	（1）应采取措施防止雨水通过机房窗户、屋顶和墙壁渗透； （2）应采取措施防止机房内水蒸气结露和地下积水的转移与渗透； （3）应安装对水敏感的检测仪表或元件，对机房进行防水检测和报警	（1）按照等保三级的基本要求进行建设； （2）按照等保三级的基本要求进行防水检测仪表的安装与使用。 建议方案：部署公司环境监控系统
	防静电	（1）应采用防静电地板或地面并采用必要的接地防静电措施； （2）应采取措施防止静电的产生，如采用静电消除器、佩戴防静电手环	（1）按照基本要求进行建设； （2）按照等保三级的基本要求安装防静电地板。 建议方案：部署防静电地板
	温湿度控制	应设置温湿度自动调节设施，使机房温湿度的变化控制在设备运行所允许的范围内	配备空调系统。 建议方案：部署精密空调
	电力供应	（1）应在机房供电线路上配置稳压器和过电压防护设备； （2）应提供短期的备用电力供应，至少满足设备在断电情况下的正常运行要求； （3）应设置冗余或并行的电力电缆线路为计算机系统供电	（1）配备稳压器和过电压防护设备； （2）配备UPS系统； （3）按照等保三级的基本要求设置冗余或并行的电力电缆线路，建立备用供电系统。 建议方案：部署UPS电源
	电磁防护	（1）电源线和通信线缆应隔离铺设，避免互相干扰； （2）应对关键设备实施电磁屏蔽	（1）按照基本要求进行建设； （2）按照等保三级的基本要求进行接地，对关键设备和介质进行电磁屏蔽； （3）可采用电磁干扰器、电磁屏蔽机柜等手段。 建议方案：部署屏蔽机柜等
安全网络环境	网络架构	（1）应保证网络设备的业务处理能力满足业务高峰期需要； （2）应保证网络各个部分的带宽满足业务高峰期需要； （3）应划分不同的网络区域，并按照方便管理和控制的原则为各网络区域分配地址； （4）应避免将重要网络区域部署在边界处，重要网络区域与其他网络区域之间应采取可靠的技术隔离手段； （5）应提供通信线路、关键网络设备和关键计算设备的硬件冗余，保证系统的可用性	按照等保三级的基本要求在以下方面进行加强设计： （1）主要网络设备的处理能力以及各部分带宽均需满足业务高峰需要； （2）部署优化设备，削减网络流量，以更好地满足冗余要求。 建议方案： （1）将设备部署成双机热备份，采用流控设备进行管控； （2）合理规划路由，在业务终端与业务服务器之间建立安全路径； （3）规划重要网段，在路由交换设备上配置ACL策略进行隔离； （4）规划带宽优先级，保证在网络发生拥堵时优先保护重要主机； （5）部署流量控制产品

续表

要求类别		基本要求（等保三级）	解 决 方 案
安全网络环境	通信传输	（1）应采用校验技术保证通信过程中数据的完整性； （2）应采用密码技术保证通信过程中数据的保密性	（1）针对电子邮件的传输开发加密功能，支持 SSL 证书，通过 HTTPS 传输加密满足要求； （2）利用加密机实现管理数据、鉴别信息和重要业务数据传输过程的保密性。 建议方案：电子邮件系统开发传输加密功能，另可部署 SSL VPN、IPSEC 产品实现数据加密
	可信验证	可基于可信根对计算设备的系统引导程序、系统程序、重要配置参数和应用程序等进行可信验证，并在应用程序的关键执行环节进行动态可信验证，在检测到可信性受到破坏后进行报警，并将可信验证结果形成审计记录送至安全管理中心	对这一点，业内一直没有确切的解决方案，可信根其实是基于整个软/硬件系统的，不仅仅是电子邮件系统。目前对此仅有概念性的认识，在技术上还有很长的路要走，这一点几乎对所有用户都会是失分项
安全区域边界	访问控制	（1）在网络边界或区域之间，应根据访问控制策略设置访问控制规则；在默认情况下，除允许通信外，受控接口应拒绝其他通信； （2）应删除多余或无效的访问控制规则，优化访问控制列表，保证访问控制规则数量最小化； （3）应对源地址、目的地址、源端口、目的端口和协议等进行检查，以允许/拒绝数据包进出； （4）应能根据会话状态信息，为进出的数据包提供明确的允许/拒绝访问的能力； （5）应对进出网络的数据包实现基于应用协议和应用内容的访问控制	（1）在网络边界部署隔离设备，如防火墙等； （2）根据等保三级的基本要求为隔离设备以及网络设备等制定相应的 ACL 策略，包括访问控制粒度、用户数量等； （3）按照等保三级的基本要求配置防火墙等隔离设备的策略，包括端口级的控制粒度、常见应用层协议命令过滤、会话控制、流量控制、连接数控制、防地址欺骗等。 建议方案：部署安全网关产品并进行安全策略设置
	安全审计	（1）应在网络边界、重要网络节点进行安全审计，审计要覆盖到每个用户，对用户的用户行为和重要的安全事件进行审计； （2）审计记录应包括事件的日期和时间、用户、事件类型、事件是否成功及其他与审计相关的信息； （3）应对审计记录进行保护，定期备份，避免受到未预期的删除、修改或覆盖等； （4）应对远程访问的用户行为、访问互联网的用户行为等单独进行行为审计和数据分析	（1）部署网络安全审计系统，记录用户网络行为、网络设备运行状况、网络流量等，审计记录包括事件的日期和时间、用户、事件类型、事件是否成功及其他与审计相关的信息； （2）按照等保三级的基本要求加强审计功能，具备报表生成功能，通过日志服务器来保存审计记录，避免非正常的删除、修改或覆盖。 建议方案：部署日志审计系统

续表

要求类别	基本要求（等保三级）	解决方案
边界防护	（1）应保证跨越边界的访问，通过边界设备提供的受控接口和数据流进行通信； （2）应能够对非授权设备私自连接到内部网络的行为进行检查或限制； （3）应能够对内部用户非授权连接到外部网络的行为进行检查或限制； （4）应限制无线网络的使用，保证无线网络通过受控的边界设备接入内部网络	（1）部署终端安全管理系统，启用非法外连监控以及安全准入功能来进行边界的完整性检查； （2）按照等保三级的基本要求在检测的同时要进行有效阻断； （3）按照等保三级的基本要求对主要网络设备通过双因素认证手段来进行身份鉴别； （4）对设备的管理员等特权用户进行不同权限等级的配置，实现权限分离。 建议方案：部署终端安全管理系统，通过部署堡垒机来进行隔断
入侵防范	（1）应在关键网络节点处检测、防止或限制从外部发起的网络攻击行为； （2）应在关键网络节点处检测、防止或限制从内部发起的网络攻击行为； （3）应采取技术措施对网络行为进行分析，特别是对新型网络攻击行为的分析； （4）当检测到攻击行为时，应记录攻击源IP、攻击类型、攻击目标、攻击时间、在发生严重入侵事件时应提供报警	（1）部署入侵检测系统来进行入侵行为检测，包括端口扫描、强力攻击、木马后门攻击等各类攻击行为； （2）按照等保三级的基本要求来配置入侵检测系统的日志模块，记录攻击源IP、攻击类型、攻击目的、攻击时间等相关信息，并通过一定的方式进行报警。 建议方案：部署安全网关产品并且进行安全策略设置
恶意代码防范	（1）应在关键网络节点处对恶意代码进行检测和清除，并维护恶意代码防护机制的升级和更新； （2）应在关键网络节点处对垃圾电子邮件进行检测和防护，并维护垃圾电子邮件防护机制的升级和更新	按照等保三级的基本要求在网络边界部署UTM、AV、IPS网关，进行恶意代码的检测与清除，并定期升级恶意代码库；根据与互联网的连接状态，可采取在线或离线升级方式。 建议方案：部署安全网关产品并且进行安全策略设置

附录 B 缩略语

缩　写	英　文　全　称	中　文　含　义
ACL	Access Control List	访问控制列表
ASCII	American Standard Code for Information Interchange	美国信息交换标准代码
AV	AntiVirus	反病毒
CDL	Chinese Domain Label	中文域名字段
CDN	Chinese Domain Name	中文域名
CDNA	Chinese Domain Names in Applications	中文域名应用
DNS	Domain Name System	域名系统
IAB	Internet Architecture Board	互联网架构委员会
ICANN	Internet Corporation for Assigned Names and Numbers	互联网名称与编号分配机构
IDN	Internationalized Domain Names	国际化域名
IDNA	Internationalized Domain Names in Applications	国际化域名应用
IESG	Internet Engineering Steering Group	互联网工程指导委员会
IETF	Internet Engineering Task Force	互联网工程任务组
IPS	Intrusion Prevention System	入侵防御系统
IPSEC	Internet Protocol Security	网际协议安全性
IRSG	Internet Research Steering Group	互联网研究指导组
LDH	Letters Digits Hyphen	字母、数字、连接符
RFC	Request For Comments	请求注解
SSL	Secure Sockets Layer	安全套接字层
TCP/IP	Transmission Control Protocol/Internet Protocol	传输控制协议/网际协议
UPS	Uninterrupted Power Supply	不间断电源
UTM	Unified Threat Management	统一威胁管理
VPN	Virtual Private Network	虚拟专用网
XML	Extensible Markup Language	可扩展标记语言

附录 C
常用术语

请求注解 RFC

RFC 是 Request For Comments 的缩写，是由互联网工程任务组（IETF，Internet Engineering Task Force）发布的一系列技术标准文档。RFC 起源于 1969 年的 ARPANET 计划，最终演变为用来记录互联网规范、协议、过程等的标准文件，基本的互联网通信协议都在 RFC 文件内有详细说明。当前 RFC 技术标准由互联网协会（ISOC，Internet Society）赞助发行。

LDH-DNS

根据 RFC 1034（Domain Names - Concepts and Facilities）和 RFC 1035（Domain Names - Implementation and Specification）的定义，域名只允许使用 26 个英文字母、数字 0 到 9 以及连接符 "-"。本书将这种域名为 LDH-DNS，LDH 是 Letter、Digit 和 Hyphen 三个英文单词的首字母简写。

Unicode 编码

Unicode 编码是字符在 Unicode 字符集中的位置或码位来识别字符的，给每个字符提供的一个唯一的数字。例如，U+4E96 指的是在 Unicode 字符集中位于 4E96 处的字符。本书的 Unicode 编码采用 ISO/IEC 10646-1:2000，Unicode 编码的集合称为 Unicode 字符集。

分隔符 Delimiter

LDH-DNS 域名中的英文句点或中文域名中的中文句点。

域名字段 Domain Label

域名字段是指域名被分隔符隔开的几个部分。例如，对于一个完整的域名 "www.example.cn"，其中的 "www" "example" "cn" 是该域名的三个域名字段；再如，对于域名 "测试.中国"，其中的 "测试" "中国" 分别是该域名的两个域名字段。

中文域名　Chinese Domain Name

含有中文域名字段的域名。

中文域名字段　Chinese Domain Label

含有中文字符的域名字段。

中文域名字段包　Chinese Domain Label Package

中文域名字段包（CDL 包）是指在注册某个中文域名字段时，根据中文域名注册字表中对应的建议字符及变体字符产生的所有中文域名字段的集合。CDL 包应同时包含能够标识所采用之中文域名注册字表的信息。

中文域名应用　CDNA

CDNA 是关于如何在应用程序以及某些应用环境中使用或者实现中文域名的协议，它允许使用某些 LDH 字符（以特殊的前缀开始）来表示非 LDH 字符；无须改变现有的域名服务器、解析器或协议单元；与下层协议无关，无须改变现有的网络结构。

解析器　Resolver

解析器负责接收应用程序发出的域名查询请求，向域名服务器发送域名查询请求，并负责接收域名服务器返回的结果，再将结果发给应用程序，从而完成整个域名查询过程。

域名对象

域名对象是指在 EPP 协议中用到的、由英文字符或中文字符组成的域名代号，并具有一系列属性。

主机对象

主机对象是指在 EPP 协议中用到表示具体机器的名字，并具有一系列属性。

Punycode 编码

Punycode 编码是指一种编码转换规则，运用这种规则应可实现 Unicode 字符和 LDH 字符的相互转换。

LDH 编码前缀

LDH 编码前缀是由用两个 LDH 字符后跟着两个连字符（其中字母不区分大小写）来表示的，用于中文域名的 LDH 编码前缀是"xn--"。

DNS 资源记录　DNS Resource Record

DNS 资源记录用于描述 DNS 区域（Zone）信息的基本组成结构，包括资源记录所有者（Owner）、记录类型（Type）、协议类型（Class）、生存时间（TTL）、记录数据（RDATA）等。

字符　Character

本书中字符特指允许用于域名注册的 Unicode 字符。

变体对照表　Language Variant Table

变体对照表是指在域名注册和管理中用到的字符表。该表的格式分为三栏，第一栏为有效字符栏，第二栏为建议字符栏，第三栏为变体字符栏。变体对照表是域名注册和管理的基础，该表是生成建议域名和变体域名的算法基础，也称为异体对照表。

有效字符　Valid Character

位于变体对照表中的第一栏，该栏中所有字符构成中文域名注册的有效字符集合，该集合用于检查用户注册域名的合法性，域名中所有中文字符必须属于这个集合。

建议字符　Preferred Character

位于变体对照表中的第二栏，该栏与有效字符栏对应，表明有效字符在中文域名注册时应对应的建议字符，在中文域名注册中，建议字符一般分为建议繁体字符和建议简体字符。

变体字符　Character Variant

位于变体对照表中的第三栏，该栏与有效字符栏对应，表明有效字符在中文域名注册时应对应的变体字符。

码位　Code Point

本书中码位是指按照 Unicode 3.2 编码规则为每个字符赋予的唯一数字。

中文域名注册字表　Chinese Domain Name Registration Table

中文域名注册字表（简称"字表"）提供域名注册和管理时使用的注册字符范围，以及字符对应简体、繁体和变体之间的映射关系。中文域名注册字表的第一栏为有效字栏，第二栏为建议字栏，第三栏为变体字栏。中文域名注册字表中的字符也可采用码位形式表示。

参考文献

[1] P. Mockapetris. Domain names - concepts and facilities. RFC 1034, November 1987.

[2] P. Mockapetris. Domain names - implementation and specification. RFC 1035, November 1987.

[3] R. Braden, Ed.. Requirements for Internet Hosts - Application and Support. RFC 1123, October 1989.

[4] S. Bradner. Key words for use in RFCs to Indicate Requirement Levels. RFC 2119, March 1997.

[5] Mark Davis, Ken Whistler, Martin Dürst. UNICODE Standard Annex #15: UNICODE NORMALIZATION FORMS[EB/OL].(2009-09-03) [2019-5-15]. http://www. UNICODE. org/reports/tr15/tr15-31.html.

[6] P. Resnick, P. Hoffman.Mapping Characters for Internationalized Domain Names in Applications (IDNA) 2008. RFC 5895, September 2010.

[7] K. Harrenstien, M. K. Stahl, E. J. Feinler. DoD Internet host table specification. RFC 952, October 1985.

[8] R. Elz, R. Bush. Clarifications to the DNS Specification. RFC 2181, July 1997.

[9] R. Fielding, J. Gettys, J. Mogul, et al.. Hypertext Transfer Protocol -- HTTP/1.1. RFC 2616, June 1999.

[10] M. Crawford. Binary Labels in the Domain Name System. RFC 2673, August 1999.

[11] A. Gulbrandsen, P. Vixie, L. Esibov. A DNS RR for specifying the location of services (DNS SRV) . RFC 2782, February 2000.

[12] P. Hoffman, M. Blanchet. Preparation of Internationalized Strings ("stringprep"). RFC 3454, December 2002.

[13] P. Faltstrom, P. Hoffman, A. Costello. Internationalizing Domain Names in Applications (IDNA). RFC 3490, March 2003.

[14] P. Hoffman, M. Blanchet. Nameprep: A Stringprep Profile for Internationalized Domain Names (IDN). RFC 3491, March 2003.

[15] A. Costello. Punycode: A Bootstring encoding of Unicode for Internationalized Domain Names in Applications (IDNA). RFC 3492, March 2003.

[16] T. Berners-Lee, R. Fielding, L. Masinter. Uniform Resource Identifier (URI): Generic Syntax. RFC 3986, January 2005.

[17] J. Klensin, P. Faltstrom, C. Karp. Review and Recommendations for Internationalized Domain Names (IDNs). RFC 4690, September 2006.

[18] T. Dierks, E. Rescorla. The Transport Layer Security (TLS) Protocol Version 1.2. RFC 5246, August 2008.

[19] J. Klensin. Simple Mail Transfer Protocol. RFC 5321, October 2008.

[20] J. Klensin. Internationalized Domain Names in Applications (IDNA): Protocol. RFC 5891, August 2010.

[21] P. Faltstrom, Ed.. The Unicode Code Points and Internationalized Domain Names in Applications (IDNA). RFC 5892, August 2010.

[22] H. Alvestrand, Ed., C. Karp. Right-to-Left Scripts for Internationalized Domain Names in Applications (IDNA). RFC 5893, August 2010.

[23] J. Klensin. Internationalized Domain Names in Applications (IDNA): Background, Explanation, and Rationale. RFC 5894, August 2010.

[24] O. Gudmundsson. DNSSEC and IPv6 A6 aware server/resolver message size requirements. RFC 3226, December 2001.

[25] D. Atkins, R. Austein. Threat Analysis of the Domain Name System (DNS). RFC 3833, August 2004.

[26] R. Bellis. DNS Transport over TCP - Implementation Requirements. RFC 5966, August 2010.

[27] K. Konishi, K. Huang, H. Qian, et al. Joint Engineering Team (JET) Guidelines for Internationalized Domain Names (IDN) Registration and Administration for Chinese, Japanese, and Korean. RFC 3743, April 2004.

[28] X. Lee, W. Mao, E. Chen, et al. Registration and Administration Recommendations for Chinese Domain Names. RFC 4713, October 2006.

[29] J. Yao, W. Mao. SMTP Extension for Internationalized Email. RFC 6531, February 2012.

[30] A. Yang, S. Steele, N. Freed. Internationalized Email Headers. RFC 6532, February 2012.

[31] P. Resnick, Ed., C. Newman, Ed., S. Shen, Ed.. IMAP Support for UTF-8. RFC 6855, March 2013.

[32] R. Gellens, C. Newman, J. Yao, K. Fujiwara. Post Office Protocol Version 3 (POP3) Support for UTF-8. RFC 6856, March 2013.